Leitfaden

für

Zuckerfabrikchemiker

zur Untersuchung der in der

Zuckerfabrikation vorkommenden Produkte und Hilfsstoffe.

Von

Dr. E. Preuss,

Chemiker des Dr. C. Scheibler'schen Laboratoriums (R. Fiebig) in Berlin.

Mit 33 in den Text gedruckten Abbildungen.

Springer-Verlag Berlin Heidelberg GmbH 1892

ISBN 978-3-662-31982-6   ISBN 978-3-662-32809-5 (eBook)
DOI 10.1007/978-3-662-32809-5

Vorwort.

Der vorliegende Leitfaden hat in erster Linie die Bestimmung, dem Studirenden, welcher sich bereits im Laboratorium der Hochschule mit der qualitativen und quantitativen chemischen Analyse, sowie entsprechend mit der theoretischen Chemie vertraut gemacht hat, in kurzen Zügen vornehmlich diejenigen speciellen Methoden vor Augen zu führen, welche später im Zuckerfabrikslaboratorium seine tägliche Beschäftigung ausmachen.

Das rühmlichst bekannte, ausführliche Lehrbuch von Frühling und Schulz enthält wohl in Wort und Bild eine eingehende Darstellung aller in der Zuckerfabrikation üblichen Untersuchungsmethoden, jedoch verfolgen die Verfasser den Zweck, auch dem Nichtfachmann das eingehende Verständniss für die Arbeiten des Fabrikchemikers zu vermitteln, sowie auch den Eleven ihrer Fachschule für Zuckerfabrikation ein Lehrbuch für den Laboratoriumsunterricht zu bieten.

Dem Verfasser dieses Leitfadens lag vor Allem daran, neben persönlicher Unterweisung im Laboratorium, welche auch das ausführlichste Lehrbuch nicht zu ersetzen vermag, den Studirenden bei dem von ihm geleiteten Unterricht einen möglichst kurzen Abriss des Arbeitsplanes zu geben, welcher unter Berücksichtigung auch der neueren Methoden ihnen als Wegweiser für ihre spätere Thätigkeit in der Fabrik dienen könnte.

Unter der Voraussetzung allgemeiner chemischer Kenntnisse ist in diesem Leitfaden von der Beschreibung aller derjenigen

Untersuchungen abgesehen oder dieselbe doch auf einen möglichst kurzen Ueberblick beschränkt worden, von denen angenommen werden konnte, dass sie bereits im Laboratorium der
Universität oder des Polytechnikums Gegenstand des Unter-
richts gewesen; aus diesem Grunde ist auch bei der Beschreibung der optischen Untersuchungsmethode die rein physika-
lische Theorie des polarisirten Lichtes nicht besonders behandelt und die Konstruktion und Handhabung der einzelnen
Polarisationsapparate nur kurz geschildert worden, da zur Er-
lernung der eigentlichen Technik des Polarisirens der praktische
Unterricht ohnehin nicht entbehrt werden kann.

Die Eigenschaften der wichtigsten Zuckerarten sind dagegen im allgemeinen Theil soweit in den Kreis der Betrach-
tung gezogen, als sie das specielle Interesse des Zuckerche-
mikers beanspruchen müssen; um so mehr, als die einzelnen
bezüglichen Angaben sich meist in den verschiedenen Fach-
zeitschriften zerstreut vorfinden. Der eng begrenzte Rahmen
dieses Leitfadens gestattet jedoch eine erschöpfende Darstellung
dieses Kapitels nicht, und es mag daher in den näheren Details
auf die Originalabhandlungen und besonders Dr. E. O. von Lipp-
mann's „Monographie der Zuckerarten" verwiesen werden.

Berlin, im Juli 1892.

Der Verfasser.

Inhalts-Verzeichniss.

Zwölftes Kapitel.

Dreizehntes Kapitel.

Vierzehntes Kapitel.

Fünfzehntes Kapitel.

Sechszehntes Kapitel.

Tabellen-Verzeichniss.

A. Allgemeiner Theil.

Erstes Kapitel.

Chemische Uebersicht über die Zuckerarten.

Der Rohrzucker und die ihm verwandten Zuckerarten gehören in chemischer Beziehung zu der Gruppe der Kohlehydrate, einer Klasse von organischen Verbindungen, welche neben Kohlenstoff den Wasserstoff und Sauerstoff in demselben Verhältniss wie das Wassermolekül (H_2O) enthalten und zwar derart, dass der Kohlenstoffgehalt 6 Atome oder ein einfaches Vielfaches von C ist, während die geringste Menge des Wasser- und Sauerstoffs 5 Molekülen Wasser entspricht. Diejenigen Kohlehydrate, welche die Molekularformel $C_6H_{12}O_6$ besitzen, haben sämmtlich die Eigenschaft, alkalische Kupferlösung beim Kochen zu reduciren und sich mit Phenylhydrazin zu sogenannten Osazonen zu verbinden. Alle übrigen Kohlehydrate denen eine grössere Molekularformel zukommt, liefern bei der Behandlung mit Säuren Produkte von den oben beschriebenen Eigenschaften. Hiernach unterscheidet man:

A. Wahre Kohlehydrate von der Formel $C_6H_{12}O_6$ (Monosen):
    Glukose (Dextrose),
    Fruktose (Lävulose, identisch mit Mannitose),
    Galaktose,
    Sorbin,
    Mannose (identisch mit Seminose),
    Formose,
    Akrose.

B. Kohlehydrate, welche zum Theil die Eigenschaft besitzen, mit Phenylhydrazin und alkalischer Kupferlösung zu reagiren, welche aber durch Inversion in wahre Zuckerarten von der Formel $C_6H_{12}O_6$ zerfallen:

α) Disaccharide $C_{12} H_{22} O_{11}$:
     Rohrzucker (Saccharose),
     Milchzucker,
     Maltose,
     Melibiose.

β) Trisaccharide ($C_{18} H_{32} O_{16}$):
     Melitriose (Raffinose).

γ) Polysaccharide ($C_6 H_{10} O_5)_n$:
     Stärke,
     Cellulose,
     Dextrin,
     Gummi.

Von den genannten Zuckerarten sollen an dieser Stelle nur die wichtigsten nach ihren Eigenschaften beschrieben werden, soweit sie bei der Bestimmung des Rohrzuckers in den Produkten der Zuckerfabrikation in Betracht kommen; es sind dies hauptsächlich der Traubenzucker (Dextrose), der Fruchtzucker (Lävulose), die Verbindung beider, der Invertzucker, der Rohrzucker und die Melitriose (Raffinose).

I. Die Glukose, Dextrose (Traubenzucker, Stärke-Harnzucker) ist im Pflanzenreiche sehr verbreitet, obwohl als solche nicht immer mit Bestimmtheit nachgewiesen, da sie in den meisten Früchten in Begleitung von Fruktose (als Invertzucker) vorkommt. Glukose als solche ist neben Rohrzucker im Honigthau der Linde, im Eschenmanna, im unreifen Mais, in der unreifen Zuckerhirse, in Pflaumen, Feigen und anderen Früchten sowie nach Winter auch im Zuckerrohr nachgewiesen. Dextrose kommt ebenfalls im thierischen Organismus vor, im Chylus, in der Amnios- und Allantoïsflüssigkeit, im Blut und Harn. Bei gewissen pathologischen Zuständen (besonders Diabetes mellitus) kann Traubenzucker im menschlichen Harn bis zu 12 Proc. auftreten. Als Produkt des Thierreiches kommt die Dextrose hauptsächlich im Bienenhonig vor und wurde hieraus auch zum ersten Male rein dargestellt.

Darstellung. Die Dextrose kann besonders leicht durch Kochen von Stärke mit verdünnten Säuren (am besten Salpetersäure) erhalten werden; die Verzuckerung geht desto rascher von Statten, je koncentrirter die Säure ist und mit steigender Temperatur. Aehnlich wie Mineralsäuren wirken gewisse Fermente auf die Stärke ein: Pankreatin, Pepsin, Ptyalin. Zur Gewinnung reiner Glukose löst man

möglichst guten Stärkezucker des Handels in der Hälfte seines Gewichtes Wasser, filtrirt die Lösung in einen unten zugestopften Glas-
trichter und lässt diesen an einem kühlen Ort mehrere Monate
stehen. Es krystallisirt der Traubenzucker aus, den man durch
Oeffnen des Stopfens von dem noch flüssigen Antheil trennt. Durch
Auswaschen mit 80 proc. Alkohol und Trocknen über Chlorcalcium
oder Schwefelsäure erhält man ein sehr reines Produkt. Am leichtesten gewinnt man reinen krystallisirten Traubenzucker, indem man
in 80 proc. Alkohol von 50^0 C., der mit $1/_{15}$ Volum rauchender Salzsäure
versetzt ist, fein gepulverten Rohrzucker einträgt, so lange dieser
beim Schütteln sich noch löst. Aus der abgegossenen Lösung krystallisirt die Dextrose aus. Traubenzucker ist in neuester Zeit von
E. Fischer synthetisch dargestellt worden (Ber. d. ch. Ges. 1890,
23, 799). Die Versuche dieses Chemikers zeigen einen Weg, vom
Formaldehyd oder auch Glycerin bis zur Dextrose zu gelangen; zwar
ist die synthetische Darstellungsweise noch recht umständlich und
vorläufig nur von wissenschaftlichem Interesse, jedoch lässt sich dieselbe
wahrscheinlich noch bedeutend vereinfachen. Durch die Entdeckungen
Fischer's ist gleichzeitig nachgewiesen, dass ausser dem gewöhnlichen
rechtsdrehenden Traubenzucker (von Fischer synthetisch erhalten aus
d-Glykonsäure) auch eine linksdrehende Modifikation existirt, welche
aus der l-Glykonsäure erhalten worden ist. Ein Gemisch beider kann
als optisch inaktiver Traubenzucker bezeichnet werden.

Eigenschaften. Der Traubenzucker krystallisirt aus Wasser
und verdünntem Alkohol mit 1 Mol. $H_2 O$ in Warzen, aus heissem
absoluten Alkohol und Methylalkohol wasserfrei in Prismen. Die
wässrige Lösung zeigt die Erscheinung der Birotation d. h. sie lenkt
frisch dargestellt die Ebene des polarisirten Lichtes nahezu doppelt
so stark ab als nach längerem Stehen. Das wahre specif. Drehungsvermögen bei 20^0 C. $a_D = + 58{,}7$. Die Glykose reducirt ammonia-
kalische Silberlösung unter Spiegelbildung und ebenfalls alkalische
Quecksilber- und Kupferlösungen beim Erwärmen. Durch Einwirkung
von Natriumamalgam wird der Traubenzucker in Mannit übergeführt,
beim Erhitzen mit Essigsäureanhydrid entsteht die Di- und Triace-
tylverbindung, beim weiteren Erhitzen bildet sich Oktacetyldiglykose
$[C_{12} H_{14} (C_2 H_3 O)_8 O_{11}]$ vom Schmelzpunkt 134^0 C. Mit freiem Phenylhydrazin verbindet sich die Dextrose zu Dextrosephenylhydrazin,
$C_6 H_{12} O_5 (N_2 H C_6 H_5)$, das in Wasser und heissem Alkohol leicht
löslich ist und aus letzterem in feinen Krystallen (Schmelzpunkt 145^0)

sich abscheidet; beim Erwärmen dieses Körpers mit salzsaurem Phenylhydrazin und essigsaurem Natron bildet sich Phenylglykosazon $C_6 H_{10} O_4 (N_2 H C_6 H_5)_2$ in feinen gelben Nadeln. Durch Einwirkung von Zink und Essigsäure entsteht aus dem Osazon das Isoglykosamin $C_6 H_{13} NO_5$. — Durch Hefe (Saccharomyces cerevisiae) wird Traubenzucker leicht in Kohlensäure und Alkohol gespalten.

Die Bestimmung des Traubenzuckers geschieht entweder auf optischem Wege (1^0 der Ventzke'schen Skala entspricht 0,3268 g Dextrose), ferner gewichtsanalytisch durch Kupferreduktion mit Benutzung der Allihn'schen Tabelle

$$y = -2{,}5647 + 2{,}0522\,x - 0{,}0007576\,x^2,\ \text{worin}\ x = mg\ \text{Kupfer}$$

oder endlich durch Gährung, indem man die entwickelte Kohlensäure von Kalilauge absorbiren lässt und aus der Gewichtszunahme den Traubenzucker nach der Zersetzungsgleichung berechnet: $C_6 H_{12} O_6 = 2 C_2 H_6 O + 2 CO_2$.

II. Fruchtzucker (Fruktose, Lävulose). Kommt in den meisten süssen Früchten im Gemenge mit Dextrose vor, ebenso im Bienenhonig.

Darstellungsmethoden. Man mengt 10 Theile Invertzucker mit 6 Theilen Kalkhydrat und 40 Th. Wasser; aus der dabei erhaltenen Masse wird die flüssig gebliebene Kalkverbindung der Dextrose abgepresst und es hinterbleibt festes Kalklävulosat; man zersetzt die letztere Verbindung mittelst Oxalsäure, filtrirt den oxalsauren Kalk ab und verdampft die Lösung im Vakuum bei möglichst niedriger Temperatur.

Am leichtesten erhält man die Lävulose durch Erhitzen von Inulin mit $^1/_2$ Proc. Schwefelsäure (10 Stunden); nach der Neutralisation mit kohlensaurem Baryt wird das Filtrat auf ein kleines Volum eingeengt und durch Fällen mit Alkohol von den in Lösung befindlichen Barytsalzen gereinigt. Der aus der alkoholischen Lösung nach dem Verdunsten des Alkohols verbleibende Syrup erstarrt nach mehrmonatlichem Stehen über konc. Schwefelsäure allmählich zu einem Krystallbrei, aus dem sich durch 3—4 maliges Umkrystallisiren aus absolutem Alkohol die Lävulose rein darstellen lässt. Nach A. Wohl's Vorschrift stellt man die Lävulose am besten dar, indem man in einen 500 ccm-Kolben 50 ccm Wasser bringt, dazu 200 g Inulin und 0,01 Proc. Salzsäure fügt; man erhitzt nun unter öfterem Umrühren 30 Minuten im siedenden Wasserbad, neutralisirt mit kohlensaurem Kalk, giesst den Syrup in 1 Liter warmen absoluten

Alkohol und setzt einige Gramm pulverisirte Knochenkohle dazu. Nach 12 stündigem Stehen filtrirt man und trägt einige Krystalle Lävulose ein, oder man dampft im Vakuum die Lösung bei möglichst niedriger Temperatur bis zum dicken Syrup ein, fügt einige Krystalle hinzu und lässt 2—3 Tage im Vakuum über Schwefelsäure stehen. — Von E. Fischer ist die Lävulose unlängst synthetisch dargestellt worden. Durch Kondensation von Ameisensäureanhydrid erhielt er eine optisch inaktive Zuckerart $C_6 H_{12} O_6$, welche, wie er nachwies, aus gleichen Theilen Rechts-Fruktose und Links-Fruktose, die bisher Lävulose genannte Zuckerart, besteht. Beide Modifikationen wurden von ihm getrennt. Der Fruktose kommt nach Fischer die Formel zu: $CH_2 . OH — (CH . OH)_3 — CO — CH_2 OH$.

Eigenschaften. Die Fruktose ist leicht löslich in Wasser und Alkohol und lenkt die Polarisationsebene nach links ab. Das specif. Drehungsvermögen in 20 proc. Lösung $[\alpha]_D = — 71,4$. In Folge der überwiegenden Linksdrehung der Lävulose ist auch der Invertzucker linksdrehend. Durch Hefe ist die Lävulose langsamer vergährbar, sie reducirt Fehling'sche Lösung, durch Natriumamalgam wird sie in Mannit verwandelt; mit Phenylhydrazin bildet Lävulose dasselbe Osazon wie Dextrose, dagegen verhält sie sich bei der Oxydation anders. Mit Blausäure bildet sie ein krystallinisches Cyanhydrin $C_8 H_{12} O_5 (OH) CN$.

III. Invertzucker. Der Invertzucker ist ein Gemisch von gleichen Theilen Dextrose und Lävulose, nach Berthelot wahrscheinlich eine ätherartige Verbindung beider, die jedoch beim längeren Stehen im Licht sich leicht zersetzt. Er kommt im Pflanzenreich fertig gebildet vor, im sogen. Honigthau, in der Manna sowie in den Früchten der obsttragenden Bäume, ebenso im Bienenhonig.

Darstellung. Invertzucker stellt man gewöhnlich durch Erwärmen wässriger Rohrzuckerlösungen mit verdünnten Mineralsäuren dar. Man digerirt eine etwa 20 procentige Zuckerlösung (etwaiges Ultramarin wird vorher durch Filtration entfernt) unter Zusatz von 1 Proc. $H_2 SO_4$ so lange bei 60^0 C., bis das Maximum der Linksdrehung erreicht ist (bei Anwendung einer 20 procentigen Zuckerlösung $= — 24,9^0$ der Ventzke'schen Skala), die invertirte Lösung wird mit Aetzbaryt genau neutralisirt und das Filtrat im Vakuum bei $60—70^0$ C. auf Syrupkonsistenz eingedickt. Invertzucker lässt sich auch sehr bequem durch Inversion von Zuckerlösungen mittelst schwefliger Säure erhalten. Man setzt zu derselben so viel von einer gesättigten Lösung von SO_2, dass auf 100 Th. Zucker ca. $\frac{1}{2}$ Th. gasförmige SO_2 entfällt, erwärmt in einem Autoklaven auf 60—70° C. und dampft im Vakuum ein. Nur ein verschwindender Antheil der schwefligen Säure wird hierbei zu Schwefelsäure oxydirt, den man event. vorher abstumpfen kann. — Wohl und Kollrepp stellen technisch Invertzuckersyrup durch Erhitzen einer 80 procentigen Raffinadelösung mit ca. 0,02 Proc. Salzsäure auf 80 bis 90° C. dar.

Eigenschaften. Das Drehungsvermögen des Invertzuckers ist von Gubbe bestimmt worden: $[\alpha]_D^{20^\circ} = -[19{,}657 + 0{,}03611\,c]$

Nach Tuchschmidt $\qquad [\alpha_D]_t = -[27{,}9 - 0{,}32\,t]$.

Für die Bestimmung des Invertzuckers ist die Eigenschaft desselben wichtig, dass bei längerem Erhitzen das optische Drehungsvermögen proportional der Temperatur abnimmt und sogar in Rechtsdrehung übergeht, das ursprüngliche Drehungsvermögen wird jedoch durch Behandlung mit Säuren in der Kälte wiederhergestellt. Ebenso wie die den Invertzucker bildenden Komponenten, Dextrose und Lävulose, besitzt dieser selbst die Eigenschaft, alkalische Kupferlösungen unter Abscheidung von Kupferoxydul zu reduciren. Das Reduktionsvermögen des Invertzuckers ist nach der gewichtsanalytischen Methode von Preuss bestimmt worden, indem wässrige Lösungen, die nach Soxhlet's Vorschrift bereitet waren (9,5 g chemisch reiner Zucker werden in 700 ccm Wasser gelöst mit 100 ccm $\frac{1}{5}$ Normal-Salzsäure $\frac{1}{2}$ Stunde gekocht, neutralisirt und zu 1000 ccm aufgefüllt. 1 ccm $= 0{,}010$ g Invertzucker), 15 Minuten mit Fehling'scher Lösung über freier Flamme gekocht wurden:

$$y = -8{,}36854 + 0{,}55346\,x + 0{,}00003216\,x^2; \quad y = mg\ \text{Invertzucker}$$
$$x = mg\ \text{Kupfer}.$$

Ebenso wie das optische Verhalten wird auch das Reduktionsvermögen durch längeres Ueberhitzen beeinflusst, jedoch durch Behandlung mit Salzsäure in der Wärme wieder in seinem vollen Umfang hergestellt.

Das spec. Gewicht von Invertzuckerlösungen ist von Chancel und Herzfeld untersucht worden:

Specifisches Gewicht von Invertzuckerlösungen bei 17° C. nach Herzfeld.

Vol.-Proc. Invertz.	Specifisches Gewicht	Vol.-Proc. Invertz.	Specifisches Gewicht	Vol.-Proc. Invertz.	Specifisches Gewicht
10	1,03901	16	1,06453	21	1,08665
11	1,04316	17	1,06889	22	1,09114
12	1,04737	18	1,07330	23	1,09566
13	1,05160	19	1,07772	24	1,10019
14	1,05588	20	1,08218	25	1,10474
15	1,06018				

Setzt man zu wässrigen Invertzuckerlösungen Alkohol, so wird die Linksdrehung vermindert und geht beim Erwärmen in Rechtsdrehung über; ebenso wird die Linksdrehung durch Zusatz von Kalk bedeutend verringert, dieselbe Wirkung haben kleine Mengen Bleiessig, während bei Einwirkung grösserer Mengen von letzterem starke Rechtsdrehung eintritt.

Ueber die quantitative Bestimmung des Invertzuckers bei Gegenwart von Rohrzucker vergl. den Abschnitt im speciellen Theil.

IV. Rohrzucker. $C_{12} H_{22} O_{11}$ (Saccharose). Der Rohrzucker findet sich vorzugsweise in solchen Theilen der Pflanzen, welche kein Chlorophyll enthalten, in vielen Gramineeen und ihren Früchten, im Zuckerrohr (16—20 Proc.), Zuckerhirse, Mais, Gerste, Birke, Ahorn, Nüssen, sowie neben Invertzucker im Saft obsttragender Pflanzen. Das Vorkommen des Zuckers in der Runkelrübe wurde zuerst von Marggraf 1747 beobachtet und gleichzeitig die Identität dieses Zuckers mit dem aus Rohr gewonnenen nachgewiesen. In der Rübe nimmt der Zuckergehalt im Querschnitt nach aussen hin zu, in der äusseren Peripherie jedoch wieder ab, ebenso wächst derselbe vom Kopf gegen den Körper hin, um in der Wurzel wieder abzunehmen.

Eigenschaften. Der Rohrzucker krystallisirt im monoklinen System, die Krystalle leuchten im Dunkeln, enthalten kein Krystallwasser, treten sehr häufig hemiëdrisch und als Zwillingskrystalle auf. Krystallisirter Zucker ist ein sehr schlechter Leiter der Elektricität; das specifische Gewicht gegen Wasser von 17,5° C. = 1,5805. Die specifischen Gewichte wässriger Zuckerlösungen sind sehr genau von Balling, Gerlach, Mategczek und Scheibler bestimmt worden. Die Tabellen finden sich im theoretischen Theil bei der Beschreibung der spec. Gewichtsmethode. Die allgemeine Formel für das spec. Gewicht ist nach Gerlach:

$$y = 1 + 0,00386571\,x + 0,000014109\,x^2 + 0,000000032879\,x^3$$

(Temp. 17,5 ⁰ C.), worin x die Procente Zucker, y das spec. Gewicht bezeichnet. Die Löslichkeit in Wasser ist von der Temperatur abhängig. Nach Scheibler lösen 100 Th. Wasser:

bei Temp. ⁰	Proc. Z.	bei Temp. ⁰	Proc. Z.	bei Temp. ⁰	Proc. Z.
0	65,0	20	67,0	40	75,8
5	65,2	25	68,2	45	79,2
10	65,6	30	69,8	50	82,7
15	66,1	35	72,4		

In absolutem Alkohol zeigt der Rohrzucker nur eine sehr geringe Löslichkeit. 1 Th. Zucker löst sich bei Siedetemperatur in 80 Th. Alkohol.

Die Löslichkeit in verdünntem Alkohol bei verschiedenen Temperaturen wird durch nachstehende Tabelle erläutert:

Vol.-Proc. Alkohol	Temperatur ⁰ C.	100 g enthalten g Zucker	Vol.-Proc. Alkohol	Temperatur ⁰ C.	100 g enthalten g Zucker
97,4	0	0,1	80	0	6,4
	14	0,4		14	6,6
	40	0,5		40	13,3
90,0	0	0,7	70	0	18,2
	14	0,9		14	18,8
	40	2,3		40	31,4

Das spec. Drehungsvermögen des wasserfreien Zuckers ist

nach Tollens: $[\alpha]_{D} = + 63,9⁰$

nach Schmitz: $= + 64,16⁰$.

Der Einfluss der Koncentration auf die spec. Drehung ist gering und nimmt mit steigender Koncentration ab.

Erhitzt man Zucker möglichst rasch auf 160⁰ und erhält ihn nach dem Schmelzen bei dieser Temperatur, so zerfällt er in Glykose und Lävulose, beim langsamen Erhitzen auf 160⁰ schmilzt er unzersetzt und erstarrt zu einem farblosen amorphen Glase, das nach einiger Zeit wieder krystallinisch wird. Der amorphe Zucker besitzt auch in fester Form Rechtsdrehungsvermögen. Erhitzt man 100 Th. Zucker mit 5 Th. Wasser langsam auf 150° und lässt allmählich erkalten, so erhält man ein durchscheinendes Glas; erwärmt man dieses längere Zeit auf 160°, so verschwindet nach und nach die Rechtsdrehung und man erhält optisch inaktiven Zucker, welcher wahrscheinlich ein Gemisch von wirklich inaktivem Zucker, Invertzucker und Zwischenprodukten dieser beiden Zuckerarten bildet. Durch längeres Kochen von Zuckerlösungen für sich, schneller unter Zusatz von Säuren, wird der Zucker invertirt; die invertirende Kraft der Säuren steigt in folgender Reihe bei Anwendung von 100 g Zucker und des Aequivalents von 1 Th. Schwefelsäure:

Essigsäure	1,6	Oxalsäure	54,5
Apfelsäure	8,8	Schwefelsäure	84,2
Milchsäure	9,6	Salzsäure	100,0
Citronensäure	10,2	Salpetersäure	101,1
Weinsäure	13,8		

Bei der Inversion des Rohrzuckers wird Wärme frei.

Starke Oxydationsmittel zersetzen den Zucker vollständig, bei Einwirkung von Kaliumbichromat und Schwefelsäure entsteht Zuckersäure und Ameisensäure; Kaliumpermanganat oxydirt den Zucker zu Essigsäure, Ameisensäure und Kohlensäure. — Der Rohrzucker ist durch Hefe nicht direkt vergährbar, sondern muss erst durch das in der Hefe enthaltene Ferment (Invertin) in Invertzucker übergeführt werden.

Verbindungen des Zuckers. Für die Zuckerfabrikation sind besonders wichtig die Verbindungen des Rohrzuckers mit den Erdalkalimetallen (Saccharate).

Baryumsaccharat ($C_{12} H_{22} O_{11} . Ba O$). Zu seiner Darstellung kocht man eine Lösung von 1 Th. Zucker in 2 Th. Wasser mit einer gesättigten Auflösung von Aetzbaryt.

Strontiumsaccharate. Bekannt sind:

$$C_{12} H_{22} O_{11} . Sr O \quad \text{Strontiummonosaccharat,}$$
$$C_{12} H_{22} O_{11} . 2 Sr O \quad - \quad \text{disaccharat,}$$
$$C_{12} H_{22} O_{11} . 3 Sr O \quad - \quad \text{trisaccharat.}$$

Das Strontiumdisaccharat wird erhalten, indem man in eine heisse, ca. 15 proc. Zuckerlösung soviel Aetzstrontian einträgt, dass auf 1 Mol. Zucker 2 Mol. Strontianhydrat entfallen; bei Anwendung einer 3 Molekülen entsprechenden Menge resultirt, sobald die Reaktion unter Druck verläuft, das dreibasische Saccharat. Das Mono-strontiumsaccharat entsteht bei längerer Einwirkung einer Zucker-lösung auf krystallisirtes Strontianhydrat in der Kälte.

Kalksaccharate. Calciummonosaccharat $C_{12}H_{22}O_{11}$. Ca O er-hält man durch Fällen einer Zuckerlösung und überschüssigem Kalk-hydrat mit Magnesiumchlorid; man filtrirt von dem ausfallenden Magnesiumhydrat ab und versetzt mit Alkohol.

Beim Kochen zerfällt das Monosaccharat in Trisaccharat und Zucker. Trägt man Aetzkalk in feinster Form in eine nicht zu kon-centrirte Zuckerlösung ein, so bildet sich ohne bemerkenswerthe Wärmeentwickelung das Monosaccharat.

Das **Calciumdisaccharat** entsteht, wenn man eine Lösung von 1 Th. Zucker und 12 Th. Kalk durch Alkohol fällt, ferner bei Einwirkung eines starken Ueberschusses von Kalk auf Zuckerlösung unter Abkühlung, den Ueberschuss des Kalkes entfernt man durch Filtration.

Das **Calciumtrisaccharat** entsteht, wenn man die Lösungen des Mono- und Disaccharates durch Kochen zerlegt.

Aehnliche Saccharate bilden die Oxyde des Bleies, Magnesiums und der Alkalien. Ebenso wie das Rohrzuckermolekül Metalloxyde anzulagern vermag, können auch Halogene oder organische Radikale direkt den Wasserstoff desselben partiell ersetzen.

Die wichtigsten **Substitutionsprodukte** sind: die Acetyl-derivate (dargestellt bis zur Oktacetylsaccharose), sowie die Nitro-saccharose.

Melitriose (Raffinose) $C_{18}H_{32}O_{16} + 5H_2O$ findet sich in der australischen Manna von Eukalyptus-Arten, im Baumwollsamen, in Weizen, Gerste und mit grosser Wahrscheinlichkeit auch in den Zuckerrüben; in grösserer Menge ist sie ferner in dem aus Melasse nach dem Ausscheidungs- und Strontianverfahren gewonnenen Zucker nachgewiesen worden, in welchem sie leicht vermöge ihrer spitzen Krystallformen wahrgenommen werden kann.

Darstellung aus Melasse nach Scheibler: Man scheidet zunächst den grössten Theil des Zuckers in der Kälte als Strontiummono-saccharat ab, fällt dann im Filtrat Zucker und Raffinose durch Kochen als Bisaccharat, zerlegt dies mit Kohlensäure und behandelt die Lösung noch 2—3 Mal auf dieselbe Art. Hierauf koncentrirt man bis zur Syrupskonsistenz, erwärmt im Wasserbade und tropft absoluten Alkohol hinzu, bis die entstehende Trübung nicht mehr verschwindet. Lässt man nun erkalten, so scheidet sich nach 10 bis 12 Stunden eine schwere syrupöse Schicht ab, die fast alle Raffinose enthält, während der Rohrzucker im Alkohol gelöst bleibt. Mit diesem Syrup wiederholt man die beschriebene Operation noch 2—3 Mal, löst zuletzt in wenig Wasser und versetzt mit absolutem Alkohol; nach einigen Tagen scheiden sich Krystalle aus, die man mehrmals mit Alkohol umkrystallisirt.

Eigenschaften. Schmelzpunkt der entwässerten Raffinose $= 100^0$, in Wasser ist sie leicht, in absolutem Alkohol sehr wenig löslich, besitzt einen schwach süssen Geschmack.

$[\alpha]_D = + 104^0$, wobei nach Scheibler die Temperatur ohne Einfluss ist. Die eigenthümliche spitze Krystallform überträgt sich beim Zusammenkrystallisiren auch auf den Rohrzucker. Reine Raffinose wirkt auf Fehling'sche Lösung nicht reducirend, verdünnte Salpetersäure führt die Raffinose in Schleimsäure über. Durch verdünnte Mineralsäuren wird Raffinose in der Wärme sehr rasch invertirt, sie zerfällt dabei zunächst in Melibiose und Lävulose; die invertirte Lösung zeigt entgegen dem Invertzucker noch Rechtsdrehung $[\alpha]_D = + 45^0$. Das Reduktionsvermögen der invertirten Raffinose wird nach Preuss durch folgende Gleichung wiedergegeben:

$$y = 5,5396 + 1,363\ x + 0,0000\ 5137\ x^2$$

(y = mg Kupfer). Die Zersetzung der Melitriose beim Behandeln mit Säuren verläuft bei partieller Hydrolyse nach folgender Gleichung:

$$C_{18}H_{32}O_{16} + H_2O = C_{12}H_{22}O_{11} + C_6H_{12}O_6$$
$$\text{Melibiose} \qquad \text{Lävulose.}$$

Bei weiterer Einwirkung dagegen geschieht die Umsetzung in nachstehender Weise:

$$C_{18}H_{32}O_{16} + 2\ H_2O = 3\ C_6H_{12}O_6\ (\text{Galaktose} + \text{Dextrose} + \text{Lävulose}),$$

indem die Melibiose in Galaktose und Dextrose zerfällt (Scheibler). Durch Hefe erleidet die Melitriose dieselbe Zersetzung in Melibiose und Lävulose, welche dann weiter vergähren in Alkohol und CO_2.

Analytische Methoden zur Bestimmung des Rohrzuckers.

Zur quantitativen Bestimmung des Rohrzuckers können die folgenden Methoden angewendet werden:

I. Die optische Methode (direkte Polarisation),
II. die specifische Gewichtsmethode,
III. die Inversionsmethode;
    a) mit nachfolgender Polarisation,
    b) mit darauffolgender Titration,
    c) mit gewichtsanalytischer Bestimmung.

Zweites Kapitel.

I. Die optische Methode (direkte Polarisation).

Der Polarisationsmethode kann man sich überall da bedienen, wenn neben Rohrzucker keine weiteren Kohlehydrate oder sonstige optisch aktive Stoffe anwesend sind; zum mindesten kann in dem letzteren Falle aus der direkten Polarisation der Rohrzuckergehalt nicht ohne Weiteres ermittelt werden.

Die Polarisationsmethode zur Bestimmung des Rohrzuckers gründet sich auf dessen Eigenschaft, in wässrigen oder alkoholischen Lösungen die Ebene des polarisirten Lichtes nach rechts abzulenken und zwar um einen Winkel, dessen Grösse der Menge des in Lösung befindlichen Zuckers proportional ist.

Die dazu angewendeten Apparate haben daher sämmtlich den Zweck, den Betrag der durch die Zuckerlösung hervorgerufenen Ablenkung zu messen und bestehen dementsprechend aus einer Vorrichtung, polarisirtes Licht zu erzeugen, einer Röhre von bestimmter Länge zur Aufnahme der Zuckerlösung, während ein dritter Theil dazu dient, die Ablenkung mit Hilfe einer Skala ablesen zu können. Für den praktischen Gebrauch kommen in deutschen Fabriken nur noch die Apparate von Soleil-Ventzke-Scheibler und der Halbschatten-Apparat mit einfacher oder doppelter Keilkompensation in Betracht, auf deren Beschreibung wir uns daher beschränken wollen.

1. Der Polarisationsapparat nach Soleil-Ventzke-Scheibler

beruht auf dem Princip, dass die durch eine Zuckerlösung hervorgerufene Ablenkung der Polarisationsebene durch die entgegengesetzte Drehung einer Kombination von Quarzplatten aufgehoben wird. Die unten gegebene schematische Abbildung der optischen Theile wird die Konstruktion des Apparates genügend erläutern.

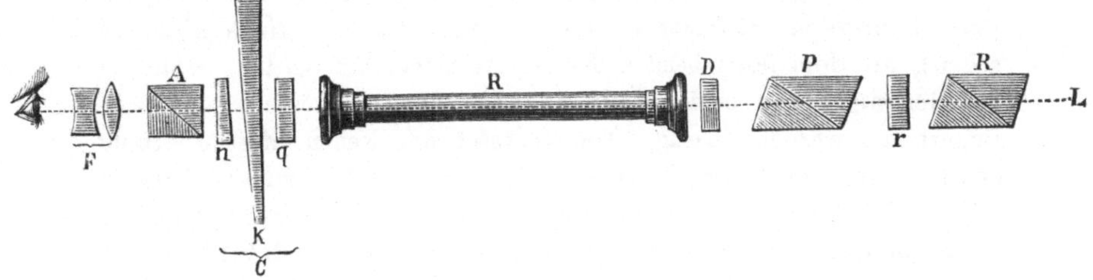

Fig. 1.

Das der Beleuchtungslampe L zugekehrte Nicol'sche Prisma P ist der Polarisator, A das analysirende Prisma oder Analysator; zwischen diesen beiden befindet sich zunächst eine Quarzdoppelplatte D, welche sich aus 2 senkrecht zur Axe geschnittenen und zusammengekitteten Einzelplatten zusammensetzt, von denen die eine rechts-, die andere linksdrehend ist. Beide Hälften der Doppelplatte besitzen genau die gleiche Dicke. Sieht man durch das bei F angebrachte Fernrohr in den Apparat hinein, so erscheint die Doppelplatte in Folge ihrer runden Einfassung als ein Kreis, welcher von oben nach unten durch eine feine Linie in zwei Hälften getheilt ist; die dabei sichtbare Färbung der Platte hängt von der gegenseitigen Stellung der beiden Nicols zu einander ab. Befinden sich dieselben in einer um 90° gekreuzten oder parallelen Stellung zu einander, so erscheinen die beiden Hälften der Doppelplatte gleich gefärbt, während die Farben sich bei jeder anderen Stellung der Prismen verändern. Bei einer Dicke der Platte von 3,75 mm erscheint die Platte zwischen parallel gestellten Prismen purpurviolett, ein Farbenton, welcher bei der geringsten Drehung des Analysators auf der einen Hälfte in röthlich, auf der anderen in bläulich übergeht.

Bringt man nun bei parallel gestellten Prismen vermittelst der Röhre R eine Zuckerlösung zwischen dieselben, so können die beiden Hälften der Doppelplatte nicht mehr gleiche Farbe zeigen, denn die Dicke der rechtsdrehenden Platte ist gleichsam vermehrt und diejenige der linksdrehenden um ebenso viel vermindert worden. Um nun diese Störung des optischen Gleichgewichts wieder aufzuheben, dient die Vorrichtung C, der sogenannte Rotationskompensator. Derselbe besteht aus zwei gleichartig drehenden Quarzkeilen, welche so geschnitten sind, dass die äusseren Flächen derselben senkrecht zur optischen Axe gerichtet sind. Der längere Keil k kann vermittelst eines Zahnradgetriebes, das durch eine an der Unterseite des Apparates befindliche Schraube k_1 bewegt wird (in der Skizze nicht zu sehen), an dem feststehenden Keil n vorbeigeführt werden, wodurch die Gesammtdicke beider Keile nach Belieben vergrössert oder verringert zu werden vermag. Der feststehende Keil n trägt oberhalb den Nonius, der längere die eigentliche Skala des Instrumentes, durch welche der Grad der Verschiebung und dadurch die Veränderung der Dicke beider Keile gemessen werden kann. Zu dem Rotationskompensator gehört ferner die aus entgegengesetzt drehendem Quarz angefertigte Platte q, welche eine solche Dicke besitzt, dass sie bei einer gewissen Stellung der Quarzkeile, dem Nullpunkt des Apparates, die von den ersteren bedingte Ablenkung der Polarisationsebene gerade aufhebt. Denken wir uns, dass durch das Einlegen einer Rohrzuckerlösung eine ebenso grosse Ablenkung der Polarisationsebene hervorgerufen wurde, als eine Quarzplatte von 1 mm Dicke besitzt, so wird man die Quarzkeile durch Verschiebung zu einander in eine solche Stellung bringen müssen, dass die Verringerung ihrer Gesammtdicke ebenfalls einem Millimeter entspricht. Es ist einleuchtend, dass bei stets gleicher Länge der Beobachtungsröhre für die Zuckerlösung die jedesmal nothwendig gewordene Verschiebung der Quarzkeile ein Maass für den Gehalt der Lösung an optisch wirksamer Substanz sein muss.

Für die deutschen Apparate ist als Normalzuckerlösung eine solche angenommen worden, welche bei 17,5° C. das specifische Gewicht 1,100 besitzt; dies entspricht einem Gehalt von 26,048 g Zucker in 100 ccm Lösung. Der Punkt, bis zu welchem man den beweglichen Quarzkeil bei Anwendung dieser Zuckerlösung im 200 mm-Beobachtungsrohr vom Nullpunkt an verschieben muss, wird mit 100 bezeichnet.

Jeder Grad des (Ventzke'sche Skala) Soleil-Ventzke-Scheibler'schen Instrumentes entspricht daher 0,26048 g Zucker in 100 ccm Lösung. Es erübrigt noch, eine an dem Apparat angebrachte Vorrichtung zu erwähnen, vermittelst deren man dem Gesichtsfelde eine

der Individualität des Beobachters entsprechende empfindliche Ueber-
gangsfarbe einstellen kann. Dieselbe besteht aus dem Nicol'schen
Prisma R und einer rechts- oder linksdrehenden Quarzplatte r; die
durch letztere bedingte Ablenkung der Polarisationsebene wird durch
das polarisirende Nicol P wieder aufgehoben, welches die durch-
gehenden Strahlen wieder in derselben Ebene vereinigt. Die Bewegung dieser „Regulator-Vorrichtung" geschieht durch eine Zahn-
radübertragung, deren Handhabung zur Bequemlichkeit sich dicht
am Auge des Beobachters bewirken lässt. Die Ablesung, bei welcher man die Zehntelgrade mit Hilfe eines Nonius bestimmt, geschieht mit Hilfe einer Spiegellupe, welche in einem Winkel von
45° gegen die Skalen gerichtet ist; es erscheint auf diese Art das
Bild der Skala in der Vertikalebene. Man zählt den Abstand der
Nullpunkte beider Skalen zunächst in ganzen Graden ab und sieht
darauf zu, welcher Theilstrich des Nonius sich nach der rechten
Seite hin genau mit einem Theilstrich der oberen Skala deckt; ist
dies beispielsweise bei dem achten Strich der Fall, so würde die
Decimale = 0,8 entsprechen.

2. Der Halbschattenapparat nach Jellet-Cornu.

Der Halbschattenapparat unterscheidet sich von der Soleil-
Ventzke-Scheibler'schen Konstruktion im Wesentlichen dadurch, dass
bei ihm die Regulatorvorrichtung, sowie das polarisirende Nicol und
die Doppelplatte fehlen. An die Stelle hiervon ist das sogenannte
Schattenprisma, ein eigenthümlich konstruirtes Zwillingsnicol, sowie
eine Konvexlinse getreten. Alle anderen Theile entsprechen genau
dem Farbenapparat. Die Anordnung der optischen Theile wird
durch folgende Skizze erläutert.

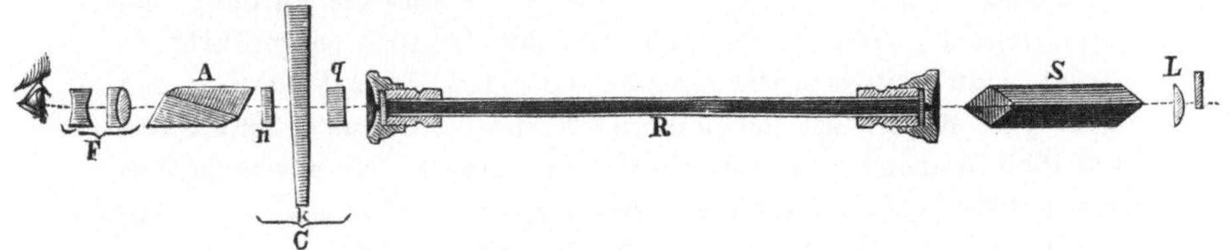

Fig. 2.

Die Einstellung des Apparates geschieht wie bei dem vorher
beschriebenen, nur dass man nicht Farben- sondern Schattengleichheit
herstellt.

Als Lichtquelle benutzt man für diesen Apparat am besten eine Petroleumlampe, womit sich ein klareres Bild als mit Gaslicht erzielen lässt. Bei der Polarisation koncentrirter Zuckerlösungen mittelst des Halbschattenapparates tritt gewöhnlich die Schwierigkeit ein, dass beide Hälften des Gesichtsfeldes auf keine Weise gleiche Beschattung annehmen, was sich durch eine geringe Rotationsdispersion zwischen Quarz und Zuckerlösungen erklärt; man kann diesem Uebelstand dadurch abhelfen, dass man in dem Fernrohr eine planparallele Platte von Kaliumdichromat einschaltet. Der Halbschattenapparat empfiehlt sich besonders dadurch, dass auch der für Farbennüancen weniger empfängliche Beobachter genaue Einstellungen ausführen kann, sowie ferner durch die Möglichkeit, auch stark gefärbte Lösungen bequem polarisiren zu können, wofern dieselben nur vollkommen klar sind.

3. Halbschattenapparat mit Keilkompensation.

Neuerdings ist von Schmidt & Haensch ein patentirter Halbschattenapparat in den Handel gebracht worden, der an Stelle der Kompensationsplatte ein zweites Paar gleich starker Quarzkeile enthält, die entgegengesetztes Drehungsvermögen als das erstere besitzen; dem entsprechend ist der Apparat auch mit zwei über einander befindlichen Skalen versehen. Durch diese Vorrichtung ist eine jedesmalige zweite Einstellung zur Kontrole der ersten und damit eine erhöhte Sicherheit ermöglicht. Man stellt zunächst beide Skalen auf den Nullpunkt ein, worauf man das die Zuckerlösung enthaltende Rohr in den Apparat legt. Man dreht nun die dem sogenannten Arbeitskeil entsprechende Schraube solange nach rechts, bis Schattengleichheit erreicht ist. (Die dem Arbeitskeil entsprechende Schraube und Skala sind durch schwarze Färbung gekennzeichnet.) Ist dies der Fall und die Ablesung ausgeführt, so nimmt man das Beobachtungsrohr aus dem Apparat heraus und dreht den Kontrolkeil (durch rothe Farbe der Schraube und Skala kenntlich gemacht) so weit nach links zurück, bis abermals das Gesichtsfeld gleichmässig beschattet erscheint. War die erste Ablesung und die Einstellung des Nullpunktes richtig, so muss die zweite Ablesung ebenso viel Grade nach links als die erste nach rechts ergeben.

Einige Vorsichtsmaassregeln beim Polarisiren.

Bei der Ausführung einer jeden polarimetrischen Bestimmung ist es zunächst von Wichtigkeit, dass das Auge des Beobachters nicht vorher durch andere intensive Lichteindrücke für feinere Farbenunterschiede abgestumpft ist. Aus diesem Grunde wählt man für die Aufstellung des Apparates einen möglichst dunklen Raum oder sucht wenigstens durch Anbringung eines Schirmes das Tageslicht thunlichst abzuhalten; ebenso ist das Auge natürlich vor den Lichtstrahlen zu schützen, welche von der Beleuchtungslampe ausgehen. Man umgiebt daher den Lampencylinder mit einer geschwärzten Thonzelle, die an einer Seite einen cylindrischen Ansatz mit einer Beleuchtungslinse trägt, durch welchen das Licht in den Apparat eintritt. Die Lampe soll ferner dem Apparat nicht so weit genähert werden, dass eine Erwärmung der optischen Theile stattfindet; aus demselben Grunde rückt man nach geschehener Beobachtung die Lampe zweckmässig bei Seite.

2. Was die Stellung des Nullpunktes betrifft, so ist es nicht absolut erforderlich, dass der Apparat genau auf Null einsteht, da verschiedene Beobachter selten denselben übereinstimmend einstellen werden; unerlässlich aber ist es, von Zeit zu Zeit diese Einstellung vorzunehmen und die dabei gefundene Differenz bei jeder Polarisation in Rechnung zu stellen. Bei einer Abweichung nach links ist der Betrag der Ablesung hinzuzuaddiren, die Abweichung nach rechts zu subtrahiren. [Bei Untersuchung von linksdrehenden Stoffen (Inversionspolarisation) tritt natürlich der umgekehrte Fall ein.]

3. Bei allen Polarisationen soll man sich nie mit einer Ablesung begnügen, sondern stets deren mehrere ausführen, von denen man nachher das arithmetische Mittel als maassgebend annimmt. Die Einstellung geschieht am besten in der Art, dass man zunächst nur ungefähr Farben- oder Schattengleichheit herstellt, hierauf das Auge einen Moment ruhen lässt, und dann erst die feinere Einstellung durch oscillirende Hin- und Herbewegung der Stellschraube bewirkt; man lässt dabei absichtlich den Farbenton ein gewisses Maass nach der einen oder anderen Seite hinüberspringen. Indem man diese Oscillationen allmählich kleiner und kleiner werden lässt, stellt man zuletzt durch Halbirung der Drehung genaue Farbengleichheit her.

Preuss.   2

4. Ab und zu hat man die Richtigkeit des Apparates auch mit Hilfe einer Lösung von chemisch reinem Zucker oder durch Einlegen einer Quarzplatte von bekanntem Wirkungswerth zu kontroliren; denn es kommt nicht selten vor, dass die Elfenbeinskalen durch Eintrocknen sich etwas verkürzen.

5. Sehr wesentlich ist es ferner, dass die Beobachtungsröhren genau die vorgeschriebene Länge von 200 resp. 100 oder 400 mm besitzen; es lässt sich dies leicht dadurch kontroliren, dass man Messstäbe von Stahl vorräthig hält, welche mit einem Normalmaass verglichen sind. Bringt man diese zwischen die Deckgläschen, so dürfen sie in dem Rohre weder klappern noch einen Druck auf die letzteren ausüben.

6. Die Deckgläschen müssen genau planparallel und von optisch inaktivem Glase hergestellt sein. Da durch starken Druck jedes Glas einen gewissen Grad von Aktivität erlangt, so dürfen die Schraubenköpfe der Beobachtungsröhren nur lose mit zwei Fingern angezogen werden.

7. Die Beobachtungen sind möglichst bei einer der normalen von 17,5° C. nahe liegenden Temperatur auszuführen, da die Dichte der Zuckerlösungen sonst merklich sich verändern kann.

Drittes Kapitel.

II. Die specifische Gewichtsmethode.

Um nach dieser Methode sichere Resultate zu erhalten, muss man gewiss sein, dass in der zu untersuchenden Lösung keine weiteren Stoffe neben Rohrzucker vorhanden sind. Da das specifische Gewicht natürlich mit zunehmendem Zuckergehalt wächst, so kann derselbe leicht durch Ermittelung der Dichte bestimmt werden. Das specifische Gewicht kann man nach den allgemein üblichen Methoden feststellen:

    a) durch Wägung eines bestimmten Volumens der Flüssigkeit,
    b) durch Wägung eines in der Flüssigkeit schwimmenden Körpers.

Die erste Methode beruht auf der Erfahrung, dass die absoluten Gewichte gleicher Flüssigkeitsvolume sich verhalten wie ihre specifischen Gewichte. Man bedient sich hierzu entweder Gefässe von bestimmtem Rauminhalt (Grammfläschchen) oder der sogenannten Pyknometer, Gefässe von beliebiger Kapacität. Es ist klar, dass bei den Wägungen dieselbe Temperatur innezuhalten ist, für welche die Justirung der Fläschchen erfolgt ist; gewöhnlich gilt als Normaltemperatur für derartige Bestimmungen 14^0 R. $= 17{,}5^0$ C. In Fig. 3 und Fig. 4 sind zwei der gebräuchlichsten Formen von Grammfläschchen wiedergegeben; bei der Konstruktion b ist der eingeschliffene Stopfen mit einem Thermometer verbunden, wodurch man im Innern des Gefässes stets die Temperatur kontroliren kann. Bei der Ausführung eines jeden Versuches wird das vollkommen saubere und trockene

<table>
<tr><td>Fig. 3.</td><td>Fig. 4.</td></tr>
</table>

Fläschchen mit der zu untersuchenden Zuckerlösung angefüllt, mit der Vorsicht, dass kein Luftbläschen in dasselbe gelangt. Stimmt die Temperatur der Flüssigkeit nicht genau mit der Normaltemperatur überein, so hat man durch Einstellen der Flasche in kaltes Wasser dieselbe herzustellen, bevor man den Stopfen einsetzt und zur Wägung schreitet.

Dividirt man die hierbei ermittelten Gewichte des gefüllten Gläschens von Wasser und der zuckerhaltigen Flüssigkeit, also gleicher Volume bei $17{,}5^0$ C., so erhält man das specifische Gewicht der zuckerhaltigen Flüssigkeit.

Von den mannichfaltigen Formen des Pyknometers giebt Fig. 5 eine der gebräuchlichsten wieder. Der Gebrauch desselben ist besonders da zu empfehlen, wo es sich um feinere Bestimmungen handelt.

Die Pyknometer sind aus dünnwandigem Glas geblasen, der Verschluss derselben wird durch einen eingeschliffenen Stopfen bewirkt, der inwendig von einer Kapillare durchzogen ist; der Rauminhalt wird gewöhnlich zwischen 25 und 50 ccm gewählt. Die Handhabung des Pyknometers geschieht wie folgt: Man füllt dasselbe bis zum Ueberlaufen mit destillirtem Wasser von 17,5° C. und umgiebt es mit Wasser von derselben Temperatur; darauf setzt man den Stopfen auf, so dass ein Theil des Wassers durch die Kapillare ausfliesst, und bringt es schnell in ein Gefäss mit kälterem Wasser. Es tritt hierbei eine Kontraktion der Flüssigkeit ein. Nachdem man die äusseren Wandungen des Pyknometers sorgfältig abgetrocknet hat, stellt man sein Gewicht auf der chemischen Waage fest. Ebenso verfährt man mit der zu untersuchenden Zuckerlösung. Die Division beider Wägungszahlen abzüglich der Tara ergiebt das specifische Gewicht.

Fig. 5.

Bestimmung des specifischen Gewichtes vermittelst der Mohr-Westphal'schen Waage.

Schneller als mit dem Pyknometer oder Grammfläschchen gelangt man nach der unter b angedeuteten Methode zum Ziel. Nach dem archimedischen Princip ist von Mohr eine hydrostatische Waage konstruirt worden, welche sich einer weiten Verbreitung erfreut.

Aus Fig. 6 ist die Einrichtung derselben leicht ersichtlich.

Die Waage besteht aus dem Stativ A, welches auf dem damit verbundenen Ajustirtisch ruht; zur horizontalen Einstellung desselben dient die Stellschraube E. Der Waagebalken F spielt in dem Stahllager H und kann vermittelst der Schraube C nach Bedarf höher gestellt werden. Der Senkkörper J, mit Thermometer versehen, ist mit einem feinen Platindraht an dem Haken K aufgehängt.

Vermittelst der Mohr'schen Waage kann das specifische Gewicht bis auf 4 Decimalen genau bestimmt werden, dementsprechend sind 4 verschiedene Gewichte beigegeben; das grösste entspricht dem Gewichtsverlust des Senkkörpers in destillirtem Wasser von 17,5° C., von den anderen ist jedes 10 Mal leichter als das vorhergehende. Hieraus erhellt, dass bei einem etwaigen Verlust des Senkkörpers auch die sämmtlichen Gewichte erneuert werden müssen, oder nach den Gewichten ein gleich schwerer angefertigt werden muss. Diesen Uebelstand vermeidet L. Reimann-Berlin in der ihm patentirten Konstruk-

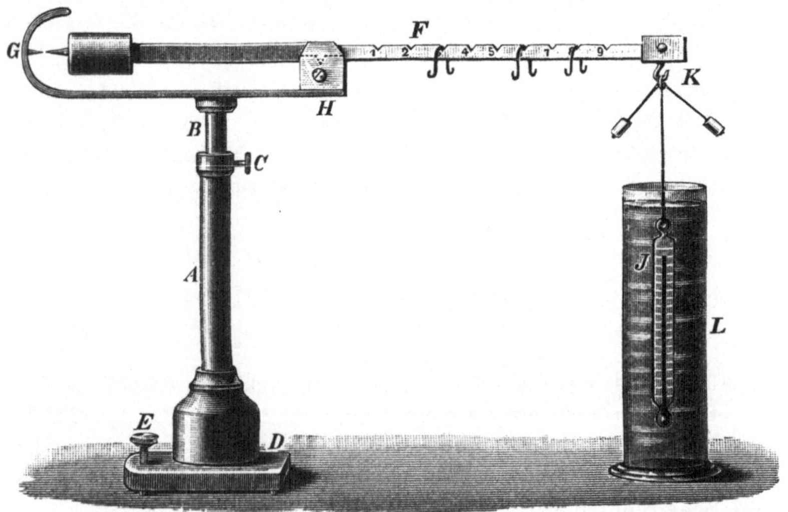

Fig. 6.

tion (D. R. P. 791), indem er den Senkkörper für alle Waagen von gleicher Grösse anfertigen lässt, so dass sie 5 g Wasser verdrängen.

Zur Bestimmung des specifischen Gewichtes mittelst der Mohr'schen Waage verfährt man folgendermaassen: Man füllt den Cylinder L mit der zu untersuchenden Flüssigkeit, nachdem die Temperatur derselben auf 17,5° C. gebracht ist, und stellt die Waage bei angehängtem Senkkörper mit Hilfe der Schraube E so ein, dass, während derselbe frei in der Luft schwebt, die beiden Spitzen bei G sich genau gegenüberstehen. Darauf lässt man den Senkkörper soweit in die Flüssigkeit eintauchen, dass der gewundene Theil des Platindrahtes gerade eintaucht. Das vorher bestehende Gleichgewicht

ist nunmehr aufgehoben und muss durch Auflegen weiterer Reitergewichte wieder hergestellt werden. Durch Ablesung der Stellung der verschiedenen Gewichte nach. ihrer Reihenfolge und Addition derselben erfährt man das specifische Gewicht der Flüssigkeit.

Bezeichnen wir die Gewichte, wie sie nach ihrer Schwere auf einander folgen, mit $A_1 A_2 B C D$ und nehmen an: bei hergestelltem Gleichgewicht hätte sich:

A_2 auf dem 5. Theilstrich befunden,
B - - 3. - -
C - - 6. - -
D - - 1. - -

so würde das specifische Gewicht der Flüssigkeit = 1,5361 sein.

Bei Flüssigkeiten leichter als Wasser, z. B. Alkohol, ist das erste Gewicht, welches dem Senkkörper entspricht, nicht am Haken K, sondern z. B. beim 8. oder 9. Theilstrich aufzuhängen.

Befände sich:

A_2 beim 8. Theilstrich,
B - 4. -
C - 7. -
D - 5. -

so würde das specifische Gewicht der Flüssigkeit = 0,8475 sein.

Hat man nach der einen oder anderen Methode das specifische Gewicht der zuckerhaltigen Flüssigkeit ermittelt, so kann man den Procentgehalt leicht aus der nachstehenden Tabelle von Mategczek und Scheibler ersehen.

Tabelle

zum Vergleich zwischen Gewichtsprocenten oder Graden nach Brix, specifischem Gewicht und Graden nach Beaumé für reine Zuckerlösungen von 0 bis 100 Procent. (Temperatur 17,5° Celsius.)

Gewichtsprocente Zucker oder Grade Brix	Specifisches Gewicht	Grade Beaumé	Gewichtsprocente Zucker oder Grade Brix	Specifisches Gewicht	Grade Beaumé	Gewichtsprocente Zucker oder Grade Brix	Specifisches Gewicht	Grade Beaumé
0,0	1,00000	0,00	1,0	1,00388	0,57	2,0	1,00779	1,14
0,1	1,00038	0,06	1,1	1,00427	0,63	2,1	1,00818	1,19
0,2	1,00077	0,11	1,2	1,00466	0,68	2,2	1,00858	1,25
0,3	1,00116	0,17	1,3	1,00505	0,74	2,3	1,00897	1,31
0,4	1,00155	0,23	1,4	1,00544	0,80	2,4	1,00936	1,36
0,5	1,00193	0,28	1,5	1,00583	0,85	2,5	1,00976	1,42
0,6	1,00232	0,34	1,6	1,00622	0,91	2,6	1,01015	1,48
0,7	1,00271	0,40	1,7	1,00662	0,97	2,7	1,01055	1,53
0,8	1,00310	0,45	1,8	1,00701	1,02	2,8	1,01094	1,59
0,9	1,00349	0,51	1,9	1,00740	1,08	2,9	1,01134	1,65

Gewichts-procente Zucker oder Grade Brix	Specifisches Gewicht	Grade Beaumé	Gewichts-procente Zucker oder Grade Brix	Specifisches Gewicht	Grade Beaumé	Gewichts-procente Zucker oder Grade Brix	Specifisches Gewicht	Grade Beaumé
3,0	1,01173	1,70	8,0	1,03187	4,53	13,0	1,05276	7,36
3,1	1,01213	1,76	8,1	1,03228	4,59	13,1	1,05318	7,41
3,2	1,01252	1,82	8,2	1,03270	4,65	13,2	1,05361	7,47
3,3	1,01292	1,87	8,3	1,03311	4,70	13,3	1,05404	7,53
3,4	1,01332	1,93	8,4	1,03352	4,76	13,4	1,05446	7,58
3,5	1,01371	1,99	8,5	1,03393	4,82	13,5	1,05489	7,64
3,6	1,01411	2,04	8,6	1,03434	4,87	13,6	1,05532	7,69
3,7	1,01451	2,10	8,7	1,03475	4,93	13,7	1,05574	7,75
3,8	1,01491	2,16	8,8	1,03517	4,99	13,8	1,05617	7,81
3,9	1,01531	2,21	8,9	1,03558	5,04	13,9	1,05660	7,86
4,0	1,01570	2,27	9,0	1,03599	5,10	14,0	1,05703	7,92
4,1	1,01610	2,33	9,1	1,03640	5,16	14,1	1,05746	7,98
4,2	1,01650	2,38	9,2	1,03682	5,21	14,2	1,05789	8,03
4,3	1,01690	2,44	9,3	1,03723	5,27	14,3	1,05831	8,09
4,4	1,01730	2,50	9,4	1,03765	5,33	14,4	1,05874	8,14
4,5	1,01770	2,55	9,5	1,03806	5,38	14,5	1,05917	8,20
4,6	1,01810	2,61	9,6	1,03848	5,44	14,6	1,05960	8,26
4,7	1,01850	2,67	9,7	1,03889	5,50	14,7	1,06003	8,31
4,8	1,01890	2,72	9,8	1,03931	5,55	14,8	1,06047	8,37
4,9	1,01930	2,78	9,9	1,03972	5,61	14,9	1,06090	8,43
5,0	1,01970	2,84	10,0	1,04014	5,67	15,0	1,06133	8,48
5,1	1,02010	2,89	10,1	1,04055	5,72	15,1	1,06176	8,54
5,2	1,02051	2,95	10,2	1,04097	5,78	15,2	1,06219	8,59
5,3	1,02091	3,01	10,3	1,04139	5,83	15,3	1,06262	8,65
5,4	1,02131	3,06	10,4	1,04180	5,89	15,4	1,06306	8,71
5,5	1,02171	3,12	10,5	1,04222	5,95	15,5	1,06349	8,76
5,6	1,02211	3,18	10,6	1,04264	6,00	15,6	1,06392	8,82
5,7	1,02252	3,23	10,7	1,04306	6,06	15,7	1,06436	8,88
5,8	1,02292	3,29	10,8	1,04348	6,12	15,8	1,06479	8,93
5,9	1,02333	3,35	10,9	1,04390	6,17	15,9	1,06522	8,99
6,0	1,02373	3,40	11,0	1,04431	6,23	16,0	1,06566	9,04
6,1	1,02413	3,46	11,1	1,04473	6,29	16,1	1,06609	9,10
6,2	1,02454	3,52	11,2	1,04515	6,34	16,2	1,06653	9,16
6,3	1,02494	3,57	11,3	1,04557	6,40	16,3	1,06696	9,21
6,4	1,02535	3,63	11,4	1,04599	6,46	16,4	1,06740	9,27
6,5	1,02575	3,69	11,5	1,04641	6,51	16,5	1,06783	9,33
6,6	1,02616	3,74	11,6	1,04683	6,57	16,6	1,06827	9,38
6,7	1,02657	3,80	11,7	1,04726	6,62	16,7	1,06871	9,44
6,8	1,02697	3,86	11,8	1,04768	6,68	16,8	1,06914	9,49
6,9	1,02738	3,91	11,9	1,04810	6,74	16,9	1,06958	9,55
7,0	1,02779	3,97	12,0	1,04852	6,79	17,0	1,07002	9,61
7,1	1,02819	4,03	12,1	1,04894	6,85	17,1	1,07046	9,66
7,2	1,02860	4,08	12,2	1,04937	6,91	17,2	1,07090	9,72
7,3	1,02901	4,14	12,3	1,04979	6,96	17,3	1,07133	9,77
7,4	1,02942	4,20	12,4	1,05021	7,02	17,4	1,07177	9,83
7,5	1,02983	4,25	12,5	1,05064	7,08	17,5	1,07221	9,89
7,6	1,03024	4,31	12,6	1,05106	7,13	17,6	1,07265	9,94
7,7	1,03064	4,37	12,7	1,05149	7,19	17,7	1,07309	10,00
7,8	1,03105	4,42	12,8	1,05191	7,24	17,8	1,07358	10,06
7,9	1,03146	4,48	12,9	1,05233	7,30	17,9	1,07397	10,11

Gewichts-procente Zucker oder Grade Brix	Specifisches Gewicht	Grade Beaumé	Gewichts-procente Zucker oder Grade Brix	Specifisches Gewicht	Grade Beaumé	Gewichts-procente Zucker oder Grade Brix	Specifisches Gewicht	Grade Beaumé
18,0	1,07441	10,17	23,0	1,09686	12,96	28,0	1,12013	15,74
18,1	1,07485	10,22	23,1	1,09732	13,02	28,1	1,12060	15,80
18,2	1,07530	10,28	23,2	1,09777	13,07	28,2	1,12107	15,85
18,3	1,07574	10,33	23,3	1,09823	13,13	28,3	1,12155	15,91
18,4	1,07618	10,39	23,4	1,09869	13,19	28,4	1,12202	15,96
18,5	1,07662	10,45	23,5	1,09915	13,24	28,5	1,12250	16,02
18,6	1,07706	10,50	23,6	1,09961	13,30	28,6	1,12297	16,07
18,7	1,07751	10,56	23,7	1,10007	13,35	28,7	1,12345	16,13
18,8	1,07795	10,62	23,8	1,10053	13,41	28,8	1,12393	16,18
18,9	1,07839	10,67	23,9	1,10099	13,46	28,9	1,12440	16,24
19,0	1,07884	10,73	24,0	1,10145	13,52	29,0	1,12488	16,30
19,1	1,07928	10,78	24,1	1,10199	13,58	29,1	1,12536	16,35
19,2	1,07973	10,84	24,2	1,10237	13,63	29,2	1,12583	16,41
19,3	1,08017	10,90	24,3	1,10283	13,69	29,3	1,12631	16,46
19,4	1,08062	10,95	24,4	1,10329	13,74	29,4	1,12679	16,52
19,5	1,08106	11,01	24,5	1,10375	13,80	29,5	1,12727	16,57
19,6	1,08151	11,06	24,6	1,10421	13,85	29,6	1,12775	16,63
19,7	1,08196	11,12	24,7	1,10468	13,91	29,7	1,12823	16,68
19,8	1,08240	11,18	24,8	1,10514	13,96	29,8	1,12871	16,74
19,9	1,08285	11,23	24,9	1,10560	14,02	29,9	1,12919	16,79
20,0	1,08329	11,29	25,0	1,10607	14,08	30,0	1,12967	16,85
20,1	1,08374	11,34	25,1	1,10653	14,13	30,1	1,13015	16,90
20,2	1,08419	11,40	25,2	1,10700	14,19	30,2	1,13063	16,96
20,3	1,08464	11,45	25,3	1,10746	14,24	30,3	1,13111	17,01
20,4	1,08509	11,51	25,4	1,10793	14,30	30,4	1,13159	17,07
20,5	1,08553	11,57	25,5	1,10839	14,35	30,5	1,13207	17,12
20,6	1,08599	11,62	25,6	1,10886	14,41	30,6	1,13255	17,18
20,7	1,08643	11,68	25,7	1,10932	14,47	30,7	1,13304	17,23
20,8	1,08688	11,73	25,8	1,10979	14,52	30,8	1,13352	17,29
20,9	1,08733	11,79	25,9	1,11026	14,58	30,9	1,13400	17,35
21,0	1,08778	11,85	26,0	1,11072	14,63	31,0	1,13449	17,40
21,1	1,08824	11,90	26,1	1,11119	14,69	31,1	1,13497	17,46
21,2	1,08869	11,96	26,2	1,11166	14,74	31,2	1,13545	17,51
21,3	1,08914	12,01	26,3	1,11213	14,80	31,3	1,13594	17,57
21,4	1,08959	12,07	26,4	1,11259	14,85	31,4	1,13642	17,62
21,5	1,09004	12,13	26,5	1,11306	14,91	31,5	1,13691	17,68
21,6	1,09049	12,18	26,6	1,11353	14,97	31,6	1,13740	17,73
21,7	1,09095	12,24	26,7	1,11400	15,02	31,7	1,13788	17,79
21,8	1,09140	12,29	26,8	1,11447	15,08	31,8	1,13837	17,84
21,9	1,09185	12,35	26,9	1,11494	15,13	31,9	1,13885	17,90
22,0	1,09231	12,40	27,0	1,11541	15,19	32,0	1,13934	17,95
22,1	1,09276	12,46	27,1	1,11588	15,24	32,1	1,13983	18,01
22,2	1,09321	12,52	27,2	1,11635	15,30	32,2	1,14032	18,06
22,3	1,09367	12,57	27,3	1,11682	15,35	32,3	1,14081	18,12
22,4	1,09412	12,63	27,4	1,11729	15,41	32,4	1,14129	18,17
22,5	1,09458	12,68	27,5	1,11776	15,46	32,5	1,14178	18,23
22,6	1,09503	12,74	27,6	1,11824	15,52	32,6	1,14227	18,28
22,7	1,09549	12,80	27,7	1,11871	15,58	32,7	1,14276	18,34
22,8	1,09595	12,85	27,8	1,11918	15,63	32,8	1,14325	18,39
22,9	1,09640	12,91	27,9	1,11965	15,69	32,9	1,14374	18,45

Gewichtsprocente Zucker oder Grade Brix	Specifisches Gewicht	Grade Beaumé	Gewichtsprocente Zucker oder Grade Brix	Specifisches Gewicht	Grade Beaumé	Gewichtsprocente Zucker oder Grade Brix	Specifisches Gewicht	Grade Beaumé
33,0	1,14423	18,50	38,0	1,16920	21,24	43,0	1,19505	23,96
33,1	1,14472	18,56	38,1	1,16971	21,30	43,1	1,19558	24,01
33,2	1,14521	18,61	38,2	1,17022	21,35	43,2	1,19611	24,07
33,3	1,14570	18,67	38,3	1,17072	21,40	43,3	1,19663	24,12
33,4	1,14620	18,72	38,4	1,17132	21,46	43,4	1,19716	24,17
33,5	1,14669	18,78	38,5	1,17174	21,51	43,5	1,19769	24,23
33,6	1,14718	18,83	38,6	1,17225	21,57	43,6	1,19822	24,28
33,7	1,14767	18,89	38,7	1,17276	21,62	43,7	1,19875	24,34
33,8	1,14817	18,94	38,8	1,17327	21,68	43,8	1,19927	24,39
33,9	1,14866	19,00	38,9	1,17379	21,73	43,9	1,19980	24,44
34,0	1,14915	19,05	39,0	1,17430	21,79	44,0	1,20033	24,50
34,1	1,14965	19,11	39,1	1,17481	21,84	44,1	1,20086	24,55
34,2	1,15014	19,16	39,2	1,17532	21,90	44,2	1,20139	24,61
34,3	1,15064	19,22	39,3	1,17583	21,95	44,3	1,20192	24,66
34,4	1,15113	19,27	39,4	1,17635	22,00	44,4	1,20245	24,71
34,5	1,15163	19,33	39,5	1,17686	22,06	44,5	1,20299	24,77
34,6	1,15213	19,38	39,6	1,17737	22,11	44,6	1,20352	24,82
34,7	1,15262	19,44	39,7	1,17789	22,17	44,7	1,20405	24,88
34,8	1,15312	19,49	39,8	1,17840	22,22	44,8	1,20458	24,93
34,9	1,15362	19,55	39,9	1,17892	22,28	44,9	1,20512	24,98
35,0	1,15411	19,60	40,0	1,17943	22,33	45,0	1,20565	25,04
35,1	1,15461	19,66	40,1	1,17995	22,38	45,1	1,20618	25,09
35,2	1,15511	19,71	40,2	1,18046	22,44	45,2	1,20672	25,14
35,3	1,15561	19,76	40,3	1,18098	22,49	45,3	1,20725	25,20
35,4	1,15611	19,82	40,4	1,18150	22,55	45,4	1,20779	25,25
35,5	1,15661	19,87	40,5	1,18201	22,60	45,5	1,20832	25,31
35,6	1,15710	19,93	40,6	1,18253	22,66	45,6	1,20886	25,36
35,7	1,15760	19,98	40,7	1,18305	22,71	45,7	1,20939	25,41
35,8	1,15810	20,04	40,8	1,18357	22,77	45,8	1,20993	25,47
35,9	1,15861	20,09	40,9	1,18408	22,82	45,9	1,21046	25,52
36,0	1,15911	20,15	41,0	1,18460	22,87	46,0	1,21100	25,57
36,1	1,15961	20,20	41,1	1,18512	22,93	46,1	1,21154	25,63
36,2	1,16011	20,26	41,2	1,18564	22,98	46,2	1,21208	25,68
36,3	1,16061	20,31	41,3	1,18616	23,04	46,3	1,21261	25,74
36,4	1,16111	20,37	41,4	1,18668	23,09	46,4	1,21315	25,79
36,5	1,16162	20,42	41,5	1,18720	23,15	46,5	1,21369	25,84
36,6	1,16212	20,48	41,6	1,18772	23,20	46,6	1,21423	25,90
36,7	1,16262	20,53	41,7	1,18824	23,25	46,7	1,21477	25,95
36,8	1,16313	20,59	41,8	1,18877	23,31	46,8	1,21531	26,00
36,9	1,16363	20,64	41,9	1,18929	23,36	46,9	1,21585	26,06
37,0	1,16413	20,70	42,0	1,18981	23,42	47,0	1,21639	26,11
37,1	1,16464	20,75	42,1	1,19033	23,47	47,1	1,21693	26,17
37,2	1,16514	20,80	42,2	1,19086	23,52	47,2	1,21747	26,22
37,3	1,16565	20,86	42,3	1,19138	23,58	47,3	1,21802	26,27
37,4	1,16616	20,91	42,4	1,19190	23,63	47,4	1,21856	26,33
37,5	1,16666	20,97	42,5	1,19243	23,69	47,5	1,21910	26,38
37,6	1,16717	21,02	42,6	1,19295	23,74	47,6	1,21964	26,43
37,7	1,16768	21,08	42,7	1,19348	23,79	47,7	1,22019	26,49
37,8	1,16818	21,13	42,8	1,19400	23,85	47,8	1,22073	26,54
37,9	1,16869	21,19	42,9	1,19453	23,90	47,9	1,22127	26,59

Gewichtsprocente Zucker oder Grade Brix	Specifisches Gewicht	Grade Beaumé	Gewichtsprocente Zucker oder Grade Brix	Specifisches Gewicht	Grade Beaumé	Gewichtsprocente Zucker oder Grade Brix	Specifisches Gewicht	Grade Beaumé
48,0	1,22182	26,65	53,0	1,24951	29,31	58,0	1,27816	31,94
48,1	1,22236	26,70	53,1	1,25008	29,36	58,1	1,27874	32,00
48,2	1,22291	26,75	53,2	1,25064	29,42	58,2	1,27932	32,05
48,3	1,22345	26,81	53,3	1,25120	29,47	58,3	1,27991	32,10
48,4	1,22400	26,86	53,4	1,25177	29,52	58,4	1,28049	32,15
48,5	1,22455	26,92	53,5	1,25233	29,57	58,5	1,28107	32,20
48,6	1,22509	26,97	53,6	1,25290	29,63	58,6	1,28166	32,26
48,7	1,22564	27,02	53,7	1,25347	29,68	58,7	1,28224	32,31
48,8	1,22619	27,08	53,8	1,25403	29,73	58,8	1,28283	32,36
48,9	1,22673	27,13	53,9	1,25460	29,79	58,9	1,28342	32,41
49,0	1,22728	27,18	54,0	1,25517	29,84	59,0	1,28400	32,47
49,1	1,22783	27,24	54,1	1,25573	29,89	59,1	1,28459	32,52
49,2	1,22838	27,29	54,2	1,25630	29,94	59,2	1,28518	32,57
49,3	1,22893	27,34	54,3	1,25687	30,00	59,3	1,28576	32,62
49,4	1,22948	27,40	54,4	1,25744	30,05	59,4	1,28635	32,67
49,5	1,23003	27,45	54,5	1,25801	30,10	59,5	1,28694	32,73
49,6	1,23058	27,50	54,6	1,25857	30,16	59,6	1,28753	32,77
49,7	1,23113	27,56	54,7	1,25914	30,21	59,7	1,28812	32,83
49,8	1,23168	27,61	54,8	1,25971	30,26	59,8	1,28871	32,87
49,9	1,23223	27,66	54,9	1,26028	30,31	59,9	1,28930	32,93
50,0	1,23278	27,72	55,0	1,26086	30,37	60,0	1,28989	32,99
50,1	1,23334	27,77	55,1	1,26143	30,42	60,1	1,29048	33,04
50,2	1,23389	27,82	55,2	1,26200	30,47	60,2	1,29107	33,09
50,3	1,23444	27,88	55,3	1,26257	30,53	60,3	1,29166	33,14
50,4	1,23499	27,93	55,4	1,26314	30,58	60,4	1,29225	33,20
50,5	1,23555	27,98	55,5	1,26372	30,63	60,5	1,29284	33,25
50,6	1,23610	28,04	55,6	1,26429	30,68	60,6	1,29343	33,30
50,7	1,23666	28,09	55,7	1,26486	30,74	60,7	1,29403	33,35
50,8	1,23721	28,14	55,8	1,26544	30,79	60,8	1,29462	33,40
50,9	1,23777	28,20	55,9	1,26601	30,84	60,9	1,29521	33,46
51,0	1,23832	28,25	56,0	1,26658	30,89	61,0	1,29581	33,51
51,1	1,23888	28,30	56,1	1,26716	30,95	61,1	1,29640	33,56
51,2	1,23943	28,36	56,2	1,26773	31,00	61,2	1,29700	33,61
51,3	1,23999	28,41	56,3	1,26831	31,05	61,3	1,29759	33,66
51,4	1,24055	28,46	56,4	1,26889	31,10	61,4	1,29819	33,71
51,5	1,24111	28,51	56,5	1,26946	31,16	61,5	1,29878	33,77
51,6	1,24166	28,57	56,6	1,27004	31,21	61,6	1,29938	33,82
51,7	1,24222	28,62	56,7	1,27062	31,26	61,7	1,29998	33,87
51,8	1,24278	28,67	56,8	1,27120	31,31	61,8	1,30057	33,92
51,9	1,24334	28,73	56,9	1,27177	31,37	61,9	1,30117	33,97
52,0	1,24390	28,78	57,0	1,27235	31,42	62,0	1,30177	34,03
52,1	1,24446	28,83	57,1	1,27293	31,47	62,1	1,30237	34,08
52,2	1,24502	28,89	57,2	1,27351	31,52	62,2	1,30297	34,13
52,3	1,24558	28,94	57,3	1,27409	31,58	62,3	1,30356	34,18
52,4	1,24614	28,99	57,4	1,27467	31,63	62,4	1,30416	34,23
52,5	1,24670	29,05	57,5	1,27525	31,68	62,5	1,30476	34,28
52,6	1,24726	29,10	57,6	1,27583	31,73	62,6	1,30536	34,34
52,7	1,24782	29,15	57,7	1,27641	31,79	62,7	1,30596	34,39
52,8	1,24839	29,20	57,8	1,27699	31,84	62,8	1,30657	34,44
52,9	1,24895	29,26	57,9	1,27758	31,89	62,9	1,30717	34,49

Gewichts-procente Zucker oder Grade Brix	Specifisches Gewicht	Grade Beaumé	Gewichts-procente Zucker oder Grade Brix	Specifisches Gewicht	Grade Beaumé	Gewichts-procente Zucker oder Grade Brix	Specifisches Gewicht	Grade Beaumé
63,0	1,30777	34,54	68,0	1,33836	37,11	73,0	1,36995	39,64
63,1	1,30837	34,59	68,1	1,33899	37,16	73,1	1,37059	39,69
63,2	1,30897	34,65	68,2	1,33961	37,21	73,2	1,37124	39,74
63,3	1,30958	34,70	68,3	1,34023	37,26	73,3	1,37188	39,79
63,4	1,31018	34,75	68,4	1,34085	37,31	73,4	1,37252	39,84
63,5	1,31078	34,80	68,5	1,34148	37,36	73,5	1,37317	39,89
63,6	1,31139	34,85	68,6	1,34210	37,41	73,6	1,37381	39,94
63,7	1,31199	34,90	68,7	1,34273	37,47	73,7	1,37446	39,99
63,8	1,31260	34,96	68,8	1,34335	37,52	73,8	1,37510	40,04
63,9	1,31320	35,01	68,9	1,34398	37,57	73,9	1,37575	40,09
64,0	1,31381	35,06	69,0	1,34460	37,62	74,0	1,37639	40,14
64,1	1,31442	35,11	69,1	1,34523	37,67	74,1	1,37704	40,19
64,2	1,31502	35,16	69,2	1,34585	37,72	74,2	1,37768	40,24
64,3	1,31563	35,21	69,3	1,34648	37,77	74,3	1,37833	40,29
64,4	1,31624	35,27	69,4	1,34711	37,82	74,4	1,37898	40,34
64,5	1,31684	35,32	69,5	1,34774	37,87	74,5	1,37962	40,39
64,6	1,31745	35,37	69,6	1,34836	37,92	74,6	1,38027	40,44
64,7	1,31806	35,42	69,7	1,34899	37,97	74,7	1,38092	40,49
64,8	1,31867	35,47	69,8	1,34962	38,02	74,8	1,38157	40,54
64,9	1,31928	35,52	69,9	1,35025	38,07	74,9	1,38222	40,59
65,0	1,31989	35,57	70,0	1,35088	38,12	75,0	1,38287	40,64
65,1	1,32050	35,63	70,1	1,35151	38,18	75,1	1,38352	40,69
65,2	1,32111	35,68	70,2	1,35214	38,23	75,2	1,38417	40,74
65,3	1,32172	35,73	70,3	1,35277	38,28	75,3	1,38482	40,79
65,4	1,32233	35,78	70,4	1,35340	38,33	75,4	1,38547	40,84
65,5	1,32294	35,83	70,5	1,35403	38,38	75,5	1,38612	40,89
65,6	1,32355	35,88	70,6	1,35466	38,43	75,6	1,38677	40,94
65,7	1,32417	35,93	70,7	1,35530	38,48	75,7	1,38743	40,99
65,8	1,32478	35,98	70,8	1,35593	38,53	75,8	1,38808	41,04
65,9	1,32539	36,04	70,9	1,35656	38,58	75,9	1,38873	41,09
66,0	1,32601	36,09	71,0	1,35720	38,63	76,0	1,38939	41,14
66,1	1,32662	36,14	71,1	1,35783	38,68	76,1	1,39004	41,19
66,2	1,32724	36,19	71,2	1,35847	38,73	76,2	1,39070	41,24
66,3	1,32785	36,24	71,3	1,35910	38,78	76,3	1,39135	41,29
66,4	1,32847	36,29	71,4	1,35974	38,83	76,4	1,39201	41,33
66,5	1,32908	36,34	71,5	1,36037	38,88	76,5	1,39266	41,38
66,6	1,32970	36,39	71,6	1,36101	38,93	76,6	1,39332	41,43
66,7	1,33031	36,45	71,7	1,36164	38,98	76,7	1,39397	41,48
66,8	1,33093	36,50	71,8	1,36228	39,03	76,8	1,39463	41,53
66,9	1,33155	36,55	71,9	1,36292	39,08	76,9	1,39529	41,58
67,0	1,33217	36,60	72,0	1,36355	39,13	77,0	1,39595	41,63
67,1	1,33278	36,65	72,1	1,36419	39,19	77,1	1,39660	41,68
67,2	1,33340	36,70	72,2	1,36483	39,24	77,2	1,39726	41,73
67,3	1,33402	36,75	72,3	1,36547	39,29	77,3	1,39792	41,78
67,4	1,33464	36,80	72,4	1,36611	39,34	77,4	1,39858	41,83
67,5	1,33526	36,85	72,5	1,36675	39,39	77,5	1,39924	41,88
67,6	1,33588	36,90	72,6	1,36739	39,44	77,6	1,39990	41,93
67,7	1,33650	36,96	72,7	1,36803	39,49	77,7	1,40056	41,98
67,8	1,33712	37,01	72,8	1,36867	39,54	77,8	1,40122	42,03
67,9	1,33774	37,06	72,9	1,36931	39,59	77,9	1,40188	42,08

Gewichts- procente Zucker oder Grade Brix	Specifisches Gewicht	Grade Beaumé	Gewichts- procente Zucker oder Grade Brix	Specifisches Gewicht	Grade Beaumé	Gewichts- procente Zucker oder Grade Brix	Specifisches Gewicht	Grade Beaumé
78,0	1,40254	42,13	83,0	1,43614	44,58	88,0	1,47074	46,98
78,1	1,40321	42,18	83,1	1,43682	44,62	88,1	1,47145	47,03
78,2	1,40387	42,23	83,2	1,43750	44,67	88,2	1,47215	47,08
78,3	1,40453	42,28	83,3	1,43819	44,72	88,3	1,47285	47,12
78,4	1,40520	42,32	83,4	1,43887	44,77	88,4	1,47356	47,17
78,5	1,40586	42,37	83,5	1,43955	44,82	88,5	1,47426	47,22
78,6	1,40652	42,42	83,6	1,44024	44,87	88,6	1,47496	47,27
78,7	1,40719	42,47	83,7	1,44092	44,91	88,7	1,47567	47,31
78,8	1,40785	42,52	83,8	1,44161	44,96	88,8	1,47637	47,36
78,9	1,40852	42,57	83,9	1,44229	45,01	88,9	1,47708	47,41
79,0	1,40918	42,62	84,0	1,44298	45,06	89,0	1,47778	47,46
79,1	1,40985	42,67	84,1	1,44367	45,11	89,1	1,47849	47,50
79,2	1,41052	42,72	84,2	1,44435	45,16	89,2	1,47920	47,55
79,3	1,41118	42,77	84,3	1,44504	45,21	89,3	1,47991	47,60
79,4	1,41185	42,82	84,4	1,44573	45,25	89,4	1,48061	47,65
79,5	1,41252	42,87	84,5	1,44641	45,30	89,5	1,48132	47,69
79,6	1,41318	42,92	84,6	1,44710	45,35	89,6	1,48203	47,74
79,7	1,41385	42,96	84,7	1,44779	45,40	89,7	1,48274	47,79
79,8	1,41452	43,01	84,8	1,44848	45,45	89,8	1,48345	47,83
79,9	1,41519	43,06	84,9	1,44917	45,49	89,9	1,48416	47,88
80,0	1,41586	43,11	85,0	1,44986	45,54	90,0	1,48486	47,93
80,1	1,41653	43,16	85,1	1,45055	45,59	90,1	1,48558	47,98
80,2	1,41720	43,21	85,2	1,45124	45,64	90,2	1,48629	48,02
80,3	1,41787	43,26	85,3	1,45193	45,69	90,3	1,48700	48,07
80,4	1,41854	43,31	85,4	1,45262	45,74	90,4	1,48771	48,12
80,5	1,41921	43,36	85,5	1,45331	45,78	90,5	1,48842	48,17
80,6	1,41989	43,41	85,6	1,45401	45,83	90,6	1,48913	48,21
80,7	1,42056	43,45	85,7	1,45470	45,88	90,7	1,48985	48,26
80,8	1,42123	43,50	85,8	1,45539	45,93	90,8	1,49056	48,31
80,9	1,42190	43,55	85,9	1,45609	45,98	90,9	1,49127	48,35
81,0	1,42258	43,60	86,0	1,45678	46,02	91,0	1,49199	48,40
81,1	1,42325	43,65	86,1	1,45748	46,07	91,1	1,49270	48,45
81,2	1,42393	43,70	86,2	1,45817	46,12	91,2	1,49342	48,50
81,3	1,42460	43,75	86,3	1,45887	46,17	91,3	1,49413	48,54
81,4	1,42528	43,80	86,4	1,45956	46,22	91,4	1,49485	48,59
81,5	1,42595	43,85	86,5	1,46026	46,26	91,5	1,49556	48,64
81,6	1,42663	43,89	86,6	1,46095	46,31	91,6	1,49628	48,68
81,7	1,42731	43,94	86,7	1,46165	46,36	91,7	1,49700	48,73
81,8	1,42798	43,99	86,8	1,46235	46,41	91,8	1,49771	48,78
81,9	1,42866	44,04	86,9	1,46304	46,46	91,9	1,49843	48,82
82,0	1,42934	44,09	87,0	1,46374	46,50	92,0	1,49915	48,87
82,1	1,43002	44,14	87,1	1,46444	46,55	92,1	1,49987	48,92
82,2	1,43070	44,19	87,2	1,46514	46,60	92,2	1,50058	48,96
82,3	1,43137	44,24	87,3	1,46584	46,65	92,3	1,50130	49,01
82,4	1,43205	44,28	87,4	1,46654	46,69	92,4	1,50202	49,06
82,5	1,43273	44,33	87,5	1,46724	46,74	92,5	1,50274	49,11
82,6	1,43341	44,38	87,6	1,46794	46,79	92,6	1,50346	49,15
82,7	1,43409	44,43	87,7	1,46864	46,84	92,7	1,50419	49,20
82,8	1,43478	44,48	87,8	1,46934	46,88	92,8	1,50491	49,25
82,9	1,43546	44,53	87,9	1,47004	46,93	92,9	1,50563	49,29

Gewichts-procente Zucker oder Grade Brix	Specifisches Gewicht	Grade Beaumé	Gewichts-procente Zucker oder Grade Brix	Specifisches Gewicht	Grade Beaumé	Gewichts-procente Zucker oder Grade Brix	Specifisches Gewicht	Grade Beaumé
93,0	1,50635	49,34	95,4	1,52376	50,45	97,8	1,54142	51,56
93,1	1,50707	49,39	95,5	1,52449	50,50	97,9	1,54216	51,60
93,2	1,50779	49,43	95,6	1,52521	50,55	98,0	1,54290	51,65
93,3	1,50852	49,48	95,7	1,52593	50,59	98,1	1,54365	51,70
93,4	1,50924	49,53	95,8	1,52665	50,64	98,2	1,54440	51,74
93,5	1,50996	49,57	95,9	1,52738	50,69	98,3	1,54515	51,79
93,6	1,51069	49,62	96,0	1,52810	50,73	98,4	1,54590	51,83
93,7	1,51141	49,67	96,1	1,52884	50,78	98,5	1,54665	51,88
93,8	1,51214	49,71	96,2	1,52958	50,82	98,6	1,54740	51,92
93,9	1,51286	49,76	96,3	1,53032	50,87	98,7	1,54815	51,97
94,0	1,51359	49,81	96,4	1,53106	50,92	98,8	1,54890	52,01
94,1	1,51431	49,85	96,5	1,53180	50,96	98,9	1,54965	52,06
94,2	1,51504	49,90	96,6	1,53254	51,01	99,0	1,55040	52,11
94,3	1,51577	49,94	96,7	1,53328	51,05	99,1	1,55115	52,15
94,4	1,51649	49,99	96,8	1,53402	51,10	99,2	1,55189	52,20
94,5	1,51722	50,04	96,9	1,53476	51,15	99,3	1,55264	52,24
94,6	1,51795	50,08	97,0	1,53550	51,19	99,4	1,55338	52,29
94,7	1,51868	50,13	97,1	1,53624	51,24	99,5	1,55113	52,33
91,8	1,51941	50,18	97,2	1,53698	51,28	99,6	1,55487	52,38
94,9	1,52014	50,22	97,3	1,53772	51,33	99,7	1,55562	52,42
95,0	1,52087	50,27	97,4	1,53846	51,38	99,8	1,55636	52,47
95,1	1,52159	50,32	97,5	1,53920	51,42	99,9	1,55711	52,51
95,2	1,52232	50,36	97,6	1,53994	51,47	100,0	1,55785	52,56
95,3	1,52304	50,41	97,7	1,54068	51,51			

Die aräometrische Methode der Zuckerbestimmung.

Die beiden eben beschriebenen Methoden geben über den Zucker-gehalt der Lösungen keinen direkten Aufschluss, sondern man be-darf dazu erst Tabellen, welche experimentell durch Vergleichung der specifischen Gewichte mit dem entsprechenden Zuckergehalt aufgestellt sind.

Die aräometrische Methode gestattet es, durch Einsenken eines dazu besonders konstruirten Instrumentes (Saccharometers) direkt den Zuckergehalt jeder Lösung an einer Skala abzulesen.

Die Anwendung der Saccharometer gründet sich auf dem Princip, dass ein in einer Flüssigkeit schwimmender Körper soviel von der-selben verdrängt, als seinem eigenen Gewicht entspricht; hieraus er-giebt sich, dass derselbe Körper in einer leichteren Flüssigkeit tiefer einsinken muss, als in einer specifisch schwereren. Auf Grund dieser Thatsache sind besonders von Brix Spindeln konstruirt worden, deren Skala direkt durch Einsenken des Instrumentes in Zuckerlösungen von bekannter Koncentration bestimmt wurde. Da nun die Dichte einer jeden Lösung auch von der Temperatur abhängig ist, so versteht sich von selbst, dass ein jedes Saccharometer nur für Lösungen von derjenigen Temperatur zu gebrauchen ist, bei welcher dasselbe justirt worden ist, oder mindestens für die Temperaturdifferenz eine entsprechende Korrektion nothwendig wird. Beaumé legte seiner Skaleneintheilung den Gehalt von Kochsalzlösungen zu Grunde; er bezeichnete z. B. den Punkt, bis zu welchem die Spindel in eine

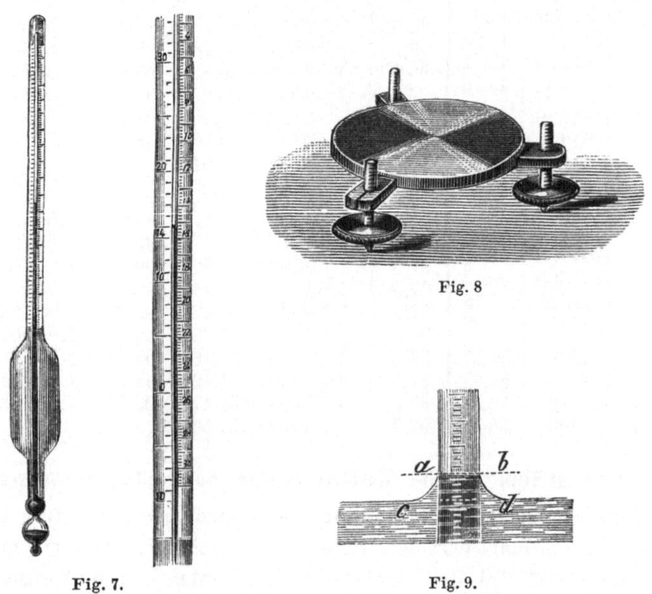

Fig. 8

Fig. 7.   Fig. 9.

20 proc. Kochsalzlösung einsinkt, mit 20, denjenigen bei Anwendung von Wasser von 17,5⁰ C. mit 0 und theilt den dazwischen liegenden Abstand in 20 gleiche Theile. Die Beaumé'schen Spindeln sind somit für die Zuckerbestimmung nicht rationell und sollten daher möglichst durch die Saccharometer nach Brix ersetzt werden.

Fig. 7 zeigt eine der gebräuchlichsten Saccharometer-Konstruktionen. Der Abstand der einzelnen Grade ist in Zehntel getheilt, gleichzeitig befindet sich im Inneren des Schaftes eine Thermometerskala nach Celsius. Zum Beschweren der unteren Kegel dient bei den feineren Aräometern Quecksilber, während dazu bei den gewöhnlichen Spindeln für den Fabrikgebrauch Schrot verwendet wird und ebenso das Thermometer in Wegfall kommt. Um die Eintheilung der Skala nicht zu eng werden zu lassen, giebt man derselben stets nur eine Ausdehnung bis zu 30 Graden, z. B. von 0 bis 30° Br., 25—50° Br. und dergl.; bei sogenannten Absüssspindeln sogar nur von ca. 0—5° Br. in Zehntel getheilt.

Beim Gebrauch der Saccharometer ist besonders darauf zu achten, dass das Instrument vollkommen frei in der Flüssigkeit schwimmt, ohne die Wandungen des Cylinders zu berühren. Dazu ist erforder-

Umrechnungs-Tabelle für Saccharometerangaben bei verschiedenen Temperaturen auf solche von 17,5° C.

Temperatur nach Celsius °	Grade Brix der Lösung												
	0	5	10	15	20	25	30	35	40	50	60	70	75
	Der abgelesene Betrag ist zu verkleinern um:												
0	0,17	0,30	0,41	0,52	0,62	0,72	0,82	0,92	0,98	1,11	1,22	1,25	1,29
5	0,23	0,30	0,37	0,44	0,52	0,59	0,65	0,72	0,75	0,80	0,88	0,91	0,94
10	0,20	0,26	0,29	0,33	0,36	0,39	0,42	0,45	0,48	0,50	0,54	0,58	0,61
11	0,18	0,23	0,26	0,28	0,31	0,34	0,36	0,39	0,41	0,43	0,47	0,50	0,53
12	0,16	0,20	0,22	0,24	0,26	0,29	0,31	0,33	0,34	0,36	0,40	0,42	0,46
13	0,14	0,18	0,19	0,21	0,22	0,24	0,26	0,27	0,28	0,29	0,33	0,35	0,39
14	0,12	0,15	0,16	0,17	0,18	0,19	0,21	0,22	0,22	0,23	0,26	0,28	0,32
15	0,09	0,11	0,12	0,14	0,14	0,15	0,16	0,17	0,16	0,17	0,19	0,21	0,25
16	0,06	0,07	0,08	0,09	0,10	0,10	0,11	0,12	0,12	0,12	0,14	0,16	0,18
17	0,02	0,02	0,03	0,03	0,03	0,04	0,04	0,04	0,04	0,04	0,05	0,05	0,06
	Der abgelesene Betrag ist zu vergrössern um:												
18	0,02	0,03	0,03	0,03	0,03	0,03	0,03	0,03	0,03	0,03	0,03	0,03	0,02
19	0,06	0,08	0,08	0,09	0,09	0,10	0,10	0,10	0,10	0,10	0,10	0,08	0,06
20	0,11	0,14	0,15	0,17	0,17	0,18	0,18	0,18	0,19	0,19	0,18	0,15	0,11
21	0,16	0,20	0,22	0,24	0,24	0,25	0,25	0,25	0,26	0,26	0,25	0,22	0,18
22	0,21	0,26	0,29	0,31	0,31	0,32	0,32	0,32	0,33	0,34	0,32	0,29	0,25
23	0,27	0,32	0,35	0,37	0,38	0,39	0,39	0,39	0,40	0,42	0,39	0,36	0,33
24	0,32	0,38	0,41	0,43	0,44	0,46	0,46	0,47	0,47	0,50	0,46	0,43	0,40
25	0,37	0,44	0,47	0,49	0,51	0,53	0,54	0,55	0,55	0,58	0,54	0,51	0,48
26	0,43	0,50	0,54	0,56	0,58	0,60	0,61	0,62	0,62	0,66	0,62	0,58	0,55
27	0,49	0,57	0,61	0,63	0,65	0,68	0,68	0,69	0,70	0,74	0,70	0,65	0,62
28	0,56	0,64	0,68	0,70	0,72	0,76	0,76	0,78	0,78	0,82	0,78	0,72	0,70
29	0,63	0,71	0,75	0,78	0,79	0,84	0,84	0,86	0,86	0,90	0,86	0,80	0,78
30	0,70	0,78	0,82	0,87	0,87	0,92	0,92	0,94	0,94	0,98	0,94	0,88	0,86
35	1,10	1,17	1,22	1,24	1,30	1,32	1,33	1,35	1,36	1,39	1,34	1,27	1,25
40	1,50	1,61	1,67	1,71	1,73	1,79	1,79	1,80	1,82	1,83	1,78	1,69	1,65
50	—	2,65	2,71	2,74	2,78	2,80	2,80	2,80	2,80	2,79	2,70	2,56	2,51
60	—	3,87	3,88	3,88	3,88	3,88	3,88	3,88	3,90	3,82	3,70	3,43	3,41
70	—	—	5,18	5,20	5,14	5,13	5,10	5,08	5,06	4,90	4,72	4,47	4,35
80	—	—	6,62	6,59	6,54	6,46	6,38	6,30	6,26	6,06	5,82	5,50	5,33

lich, dass dieser eine der Spindel entsprechende Weite besitzt und vollkommen lothrecht steht; man erreicht das letztere am bequemsten durch Anwendung eines Ajustirtisches Fig. 8.

Vor jedesmaligem Gebrauch ist das Aräometer sorgfältig zu trocknen. Beim Einsenken desselben in die Flüssigkeit ergreift man den obersten Theil des Schaftes mit zwei Fingern und lässt das Instrument langsam so weit einsinken, bis es gleichsam seine Schwere verloren hat und von selbst stehen bleibt. Die Ablesung geschieht immer am unteren Meniskus der adhärirenden Flüssigkeit, bei Fig. 9 also nicht in der Linie ab sondern cd.

(Tabelle siehe Seite 31.)

Viertes Kapitel.

III. Die Inversionsmethode.

Durch Behandlung mit Säuren, besonders in der Wärme, zerfällt der Rohrzucker bekanntlich in Invertzucker, ein Gemisch gleicher Theile Glukose und Fruktose (Lävulose); geschieht diese Inversion unter bestimmten Vorsichtsmaassregeln, ohne dass eine partielle Zerstörung des Fruchtzuckers stattfindet, so giebt die Menge des dabei gebildeten Invertzuckers ein genaues Maass für den ursprünglich vorhanden gewesenen Rohrzucker.

Die Inversion der Zuckerlösung, welche besonders von der Koncentration und Temperatur derselben, sowie von der Menge der dabei angewendeten Säure abhängig ist, geschieht neuerdings nach folgender Vorschrift Herzfeld's: Das halbe Normalgewicht des Zuckers (13,024 g) wird unter Zusatz von 5 ccm Salzsäure von 38 Volumprocent (spec. Gew. 1,188) in einem 100 ccm-Kölbchen in 75 ccm kalten Wassers gelöst, darauf möglichst schnell in einem etwas über 70° C. warmen Wasserbade auf 67—70° C. angewärmt, wozu etwa 2—3 Minuten erforderlich sind, und darauf unter Umschwenken des Kolbens fünf Minuten die Temperatur auf dieser Höhe gehalten. Es wird dann rasch abgekühlt und bis zur Marke des 100 ccm-Kolbens mit Wasser aufgefüllt. Die auf solche Art dargestellte Invertzuckerlösung kann nach folgenden Methoden untersucht werden:

Durch Polarisation. Eine Rohrzuckerlösung von 100° Rechtsdrehung zeigt nach der völligen Ueberführung in Invertzucker eine Linksdrehung von 42,66° bei 0° Celsius; die Linksdrehung nimmt bei steigender Temperatur für jeden Grad Celsius um 0,5° ab. Man verfährt nun mit der invertirten salzsauren Lösung so, dass man sie in ein mit Wasserkühlung· versehenes 200 mm-Rohr bringt und die Linksdrehung bei gewöhnlicher, aber genau gemessener Temperatur beobachtet. Die Konstruktion des hierzu angewendeten Polarisationsrohres gestattet es, die Temperatur der Flüssigkeit in dem Rohr selbst zu messen. Die Berechnung des Rohrzuckergehaltes geschieht nach folgender Formel:

$$R = \frac{100\,S}{142{,}66 - \frac{1}{2}\,t},$$

worin S die Summe der Ablenkung vor und nach der Inversion t die Temperatur bei der Ablesung und R den Rohrzuckergehalt bedeutet.

Die Ableitung der Formel ergiebt sich aus der nachstehenden Rechnung:

Es sei A der Betrag der direkten Polarisation,

  - - B - - der Inversionspolarisation,

  - - R die unbekannte Menge des Rohrzuckers und J diejenige des entsprechenden Invertzuckers.

Die Ablenkung der Lösung vor der Inversion ist demnach:

$$A = R - J\ (I),\ \text{die Ablenkung nach der Inversion}$$

$$B = \frac{42{,}66\,R}{100} - \frac{t}{2} + J\ (II).\quad \text{Nach Gleichung I ist}$$

$$J = R - A,\ \text{nach Gleichung II}$$

$$J = -\frac{42{,}66\,R}{100} + \frac{t}{2} + B,\ \text{demnach auch}$$

$$R - A = -\frac{42{,}66\,R}{100} + \frac{t}{2} + B.$$

$$\underset{= S\ \text{gesetzt}}{\underline{A + B}} = R + \frac{42{,}66\,R}{100} - \frac{t}{2}$$

$$S = R\left(1 + \frac{42{.}66}{100}\right) - \frac{t}{2}$$

$$R = \frac{S}{1 + \dfrac{42{,}66}{100} - \dfrac{t}{2}}$$

$$= \frac{100\,S}{142{,}66 - \dfrac{t}{2}}.$$

Der Zuckergehalt der invertirten Lösung kann ferner dadurch bestimmt werden, dass man dieselbe neutralisirt und einen aliquoten Theil derselben auf Fehling'sche Kupferlösung in der Siedehitze

einwirken lässt, wobei eine Abscheidung von Kupferoxydul stattfindet. Man verfährt hierbei so, dass man:

Entweder eine genau gemessene Menge der Fehling'schen Lösung unter jedesmaligem Aufkochen mit soviel von der verdünnten
Zuckerlösung versetzt, dass nach dem Absetzen des Kupferoxyduls
die überstehende Lösung gerade farblos erscheint (besser Tüpfel-
probe mit Ferrocyankalium). Soxhlet fand, dass 0,5 g Invertzucker
in einprocentiger Lösung 101,2 ccm unverdünnte Fehling'sche Lösung
zersetzen.

Tabelle

zur Berechnung des dem vorhandenen Invertzucker entsprechenden Rohrzuckergehalts aus der gefundenen Kupfermenge bei 3 Minuten Kochdauer
nach Preuss.

Rohrzucker mg	Kupfer mg	Rohrzucker mg	Kupfer mg	Rohrzucker mg	Kupfer mg	Rohrzucker mg	Kupfer mg
40	79,0	73	145,2	106	208,6	139	269,1
41	81,0	74	147,1	107	210,5	140	270,9
42	83,0	75	149,1	108	212,3	141	272,7
43	85,2	76	151,0	109	214,2	142	274,5
44	87,2	77	153,0	110	216,1	143	276,3
45	89,2	78	155,0	111	217,9	144	278,1
46	91,2	79	156,9	112	219,8	145	279,9
47	93,3	80	158,9	113	221,6	146	281,6
48	95,3	81	160,8	114	223,5	147	283,4
49	97,3	82	162,8	115	225,3	148	285,2
50	99,3	83	164,7	116	227,2	149	286,9
51	101,3	84	166,6	117	229,0	150	288,8
52	103,3	85	168,6	118	230,9	151	290,5
53	105,3	86	170,5	119	232,8	152	292,3
54	107,3	87	172,4	120	234,6	153	294,0
55	109,4	88	174,3	121	236,4	154	295,7
56	111,4	89	176,3	122	238,3	155	297,5
57	113,4	90	178,2	123	240,2	156	299,2
58	115,4	91	180,1	124	242,0	157	300,9
59	117,4	92	182,0	125	243,9	158	302,6
60	119,5	93	183,9	126	245,7	159	304,4
61	121,5	94	185,8	127	247,5	160	306,1
62	123,5	95	187,8	128	249,3	161	307,8
63	125,4	96	189,7	129	251,2	162	309,5
64	127,4	97	191,6	130	252,9	163	311,3
65	129,4	98	193,5	131	254,7	164	313,0
66	131,4	99	195,4	132	256,5	165	314,7
67	133,4	100	197,3	133	258,3	166	316,4
68	135,3	101	199,2	134	260,1	167	318,1
69	137,3	102	201,1	135	261,9	168	319,9
70	139,3	103	202,9	136	263,7	169	321,6
71	141,3	104	204,8	137	265,5	170	323,3
72	143,2	105	206,7	138	267,3		

Oder man kocht eine abgemessene Menge der Zuckerlösung mit einem Ueberschuss von Fehling'scher Lösung unter Beobachtung einer bestimmten Kochdauer (3 Minuten), bringt das abgeschiedene Kupferoxydul auf ein quantitatives Filter, reducirt dasselbe im Wasserstoffstrom zu metallischem Kupfer und wägt als solches. Mit Hilfe der nebenstehenden Tabelle kann man aus dem Gewicht des Kupfers die Menge des vorhandenen Rohzucker erfabren. [Die genauere Beschreibung der Arbeitsweise findet sich im speciellen Theil im Kapitel über Invertzuckerbestimmung.]

Die Bestimmung des Zuckers nach der Inversionsmethode wird in dem Falle angewendet, wenn neben Rohrzucker noch andere Kohlehydrate, besonders Raffinose, Invertzucker oder Stärkezucker anwesend sind, welche ebenfalls optische Aktivität besitzen und daher die direkte Polarisation fehlerhaft machen würden. Die Kupfermethode (gewichtsanalytisch) dient dabei gewöhnlich zur Kontrole für die Inversionspolarisation und wird mit einem Theil der nach Herzfeld invertirten Lösung ausgeführt, indem man 50 ccm zum Liter verdünnt und davon 25 ccm zur Reduktion anwendet $= 0,1628$ g Substanz.

———

B. Specieller Theil.

Fünftes Kapitel.

I. Rübenuntersuchung.

Da selbst auf einem Felde und unter gleichen Kulturverhältnissen gewachsene Rüben durchaus nicht immer dieselbe Zusammensetzung haben, so ist auf die Entnahme einer möglichst genauen Durchschnittsprobe die grösste Sorgfalt zu verwenden. Man hat besonders darauf zu achten, in welchem ungefähren Verhältniss krankhafte oder beschädigte Rüben auftreten und dies bei der Probenahme entsprechend zu berücksichtigen; ebenso muss das Köpfen und Waschen der einzelnen Rüben in derselben Weise vorgenommen werden, wie dies im Fabrikbetriebe geschieht. Nach dem Waschen müssen die Rüben sogleich abgetrocknet werden; in vielen Fällen ist es erwünscht, den durch das Köpfen und Waschen bedingten Gewichtsverlust, sowie auch das Durchschnittsgewicht der einzelnen Rüben durch Wägung festzustellen.

Zur Bestimmung des Zuckergehalts der Rüben sind bisher 3 verschiedene Methoden in Anwendung gekommen:

I. Die Saftpolarisation unter Benutzung eines Koefficienten für den Markgehalt.

II. Die Extraktion mittelst Alkohol.

III. Die Digestionsmethoden.

I. Die Saftpolarisation.

Man gewinnt durch Auspressen des möglichst feinen Rübenreibsels den Rohsaft, welcher neben Zucker die in Wasser löslichen Nichtzuckerstoffe enthält, und bestimmt nach vorangegangener Klärung durch Polarisation den Zuckergehalt desselben. — Trotzdem diese

Methode wegen ihrer Einfachheit vielfach ausgeführt wird, leidet sie doch an verschiedenen principiellen Mängeln, welche sich besonders bei der Untersuchung anormaler Rüben bemerkbar machen. Es ist nämlich bewiesen, dass man zur Erzielung überhaupt vergleichbarer Resultate nach der Saftpolarisationsmethode:

1. zu jedem Versuch stets die gleiche Menge Rübenbrei, sowie

2. zum Auspressen desselben stets einen gleich starken Druck anwenden muss;

3. der Rübenbrei muss immer denselben Grad von Feinheit besitzen;

4. es ist ferner nicht zu übersehen, dass der zur Klärung des Rohsaftes angewendete Bleiessig nicht alle optisch aktiven Nichtzuckerstoffe zu fällen vermag.

Der Hauptgrund, weshalb nach dem angegebenen Verfahren keine richtigen Zahlen erhalten werden konnten, ist der, dass wir erstens selbst durch Anwendung der feinsten Reiben nicht im Entferntesten im Stande sind, sämmtliche Zellen der Rübe zu zerreissen, dass ferner durch den stärksten Druck dem Reibsel nicht sämmtlicher Saft entzogen werden kann und endlich, dass die mittlere Zusammensetzung des Presssaftes erheblich von derjenigen abweicht, welche der ursprünglich in den Zellen enthaltene Saft aufweist. Wäre es möglich, sämmtlichen Saft aus der Rübe zu entfernen, so würde es genügen, den procentischen Zuckergehalt desselben zu bestimmen, zur Berücksichtigung des Markgehaltes mit 0,95 zu multipliciren, um den wahren Zuckergehalt der Rübe zu erfahren. Durch Pressung von Rübenreibsel, d. h. also eines Konglomerates von relativ wenigen geöffneten und desto mehr intakten Zellen, erhält man zuerst einen Saft, der die grösste Dichte bei geringer Reinheit besitzt, während der letzte Antheil ein geringeres specifisches Gewicht, aber grössere Reinheit zeigt. Es lässt sich dies erklären, wenn man sich vergegenwärtigt, dass neben dem mechanischen Vorgang der Pressung auch in den unverletzten Zellen eine Diffusion von Zucker und Nichtzuckerstoffen eintreten muss, wobei die letzteren, wie überhaupt alle Salze, zuerst nach ihrer Hauptmenge in den Saft übergehen.

Dass man dennoch aus dem Ergebniss der Saftpolarisation einen Schluss auf den wahren Zuckergehalt der Rübe ziehen kann, ist von Petermann und Pellet neuerdings nachgewiesen worden; dieselben stellten zu diesem Zweck eine Formel auf, deren Richtigkeit besonders durch die umfangreichen Versuche Märcker's nachgewiesen wurde. Hiernach ist der Zuckergehalt der Rübe

$$Z_R = 0{,}95\,(P - 0{,}17) - 0{,}5,$$

wenn P den Betrag der Saftpolarisation darstellt*).

Unter Berücksichtigung der oben erwähnten Fehlerquellen geschieht die Ausführung der Saftpolarisation wie folgt.

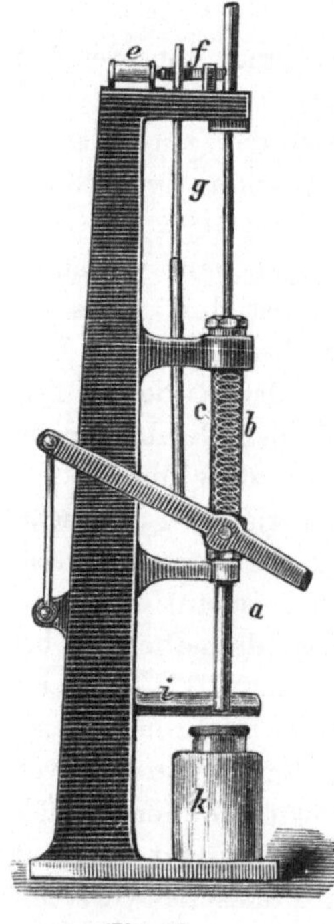

Fig. 10.

Man verschafft sich von einer nicht zu kleinen Anzahl der zu untersuchenden Rüben ein Durchschnittsmuster, indem man entweder die einzelnen Rüben der Länge nach halbirt oder viertheilt oder vermittelst des unten beschriebenen Probestechers den Rüben unterhalb des Kopfendes ein cylindrisches Stück und zwar senkrecht zur Längsaxe entnimmt. Der pneumatische Rübenprobestecher von P. Reuss in Artern (D. R. P. 38 258) ist folgendermaassen konstruirt**):

„Die Feder c drückt auf den Kolben d. Die Kolbenstange endigt oben in eine viereckige Verstärkung, in deren oberem Theil eine keilförmige Vertiefung eingefeilt ist. In diese greift durch die Spiralfeder, welche sich in der Kapsel e befindet, angedrückt, der Riegel f, durch welchen hindurch sich der Ausrücker g bewegt. Letzterer, sowie auch das Stech- und Luftrohr sind mit dem Hebel h drehbar verbunden. Unter dem Stechrohr a befindet sich die Auflageplatte i, unter dieser die Sammelbüchse k. Beim Gebrauch des Apparates wird der Hebel emporgehoben, wodurch sich die Feder c ausdehnt, Riegel f schiebt sich in die keilförmige Vertiefung der oberen Kolbenstange und hält letztere fest. Beim Abwärtsbewegen wird die Feder in dem oberen Theile des Luftrohres gespannt, während das Stechrohr die auf der Platte i liegende Rübe durchbohrt und den ausgebohrten Kern in sich aufnimmt. Nachdem das Stechrohr die Rübe voll-

---

*) Sidersky: Bull. de l'association des chimistes 1886, 15. Octob.
**) Wagner: Jahresbericht der chem. Technologie 1887, S. 921.

ständig durchdrungen, löst der Ausrücker g den Riegel f aus der Kolbenstange, die Feder treibt mit grosser Geschwindigkeit den Kolben nach unten, verdichtet die Luft zwischen Kolben und Rüben-kern und befördert letzteren in die Büchse k."

Auf einer guten Handreibe werden die einzelnen Stücke dann zu einem möglichst feinen und schwartenfreien Reibsel verarbeitet

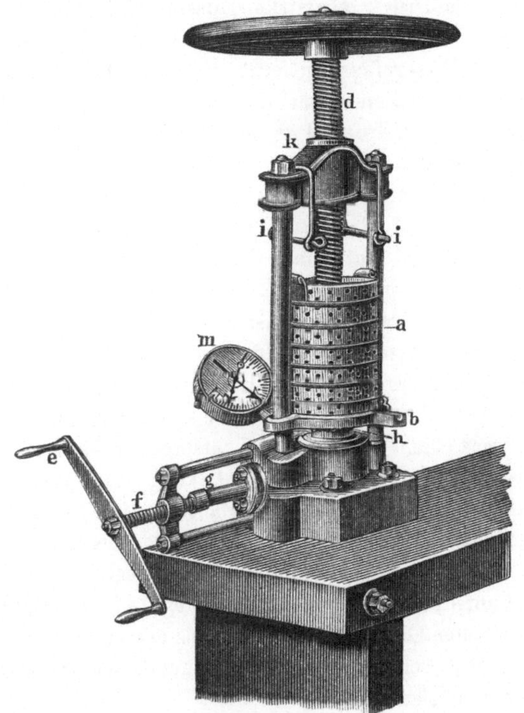

Fig. 11.

und das letztere in einer sogen. Fleischhackmaschine einer weiteren Zerkleinerung unterworfen. Den so erhaltenen Rübenbrei schlägt man in ein vollständig trockenes Tuch ein, presst ihn in einer starken Spindel- oder hydraulischen Presse so lange, bis kein Saft mehr abfliesst.

Fig. 11 zeigt eine vielfach zu diesem Zweck angewendete hydraulische Presse von Jeanrenaud & Co. in Wien*) und erläutert ihre Handhabung.

*) Wagner: Jahresber. d. chem. Technologie 1888, S. 898.

„Der Rübenbrei wird in ein Presstuch eingeschlagen und in das Pressgefäss a gebracht, welches, um ein Verspritzen des Saftes zu verhüten, von einem zweiten Mantel umgeben ist (in der Figur nicht sichtbar). Durch Anziehen der Schraubenspindel d wird der Rübenbrei zunächst einer Vorpressung unterworfen. Nachdem hierbei die Hauptmenge des Saftes abgelaufen, lässt man durch Drehen der Kurbel e hydraulischen Druck einwirken, dessen Grösse durch das Manometer m angezeigt wird. Sollen nach beendigter Pressung die Rückstände aus dem Pressgefäss entfernt werden, so hängt man das letztere vermittelst der Haken i an das Kopfstück k und drückt durch Niederschrauben der Spindel d den Rückstand aus a."

Der aus der Presse ablaufende Saft stellt eine mehr oder weniger schwärzliche Flüssigkeit dar. Man bestimmt zunächst das specif. Gewicht des Saftes mittelst der Brixspindel oder der Mohr-Westphal'schen Waage. Hierbei hat man dafür Sorge zu tragen, dass der Saft frei von Luftbläschen und Schaum ist; eine etwaige Schaumdecke beseitigt man leicht dadurch, dass man einen Tropfen Aether an einem Glasstab über derselben verdunsten lässt.

Da die Brixspindeln nur den Gehalt einer reinen Zuckerlösung angeben, so ist es klar, dass die Angabe der Trockensubstanz durch Spindelung nicht genau der Wirklichkeit entsprechen kann (scheinbare Trockensubstanz); den wahren Gehalt kann man nur durch eine Wasserbestimmung im Rübenrohsaft erfahren. Zu diesem Zweck mischt man, wenn erforderlich, in einer flachen Porzellanschale eine gewogene Menge Saft mit einer bekannten Menge geglühtem Quarzsand und erwärmt unter öfterem Umrühren, anfangs gelinde, später bei 100° bis zum konstanten Gewicht. Die Wägung des eingetrockneten Saftes muss möglichst schnell ausgeführt werden, da er sehr begierig wieder Wasser anzieht.

Der Zuckergehalt des Saftes kann nach zwei Methoden bestimmt werden.

Maassmethode. Man misst in einem eigens für diesen Zweck bestimmten Kolben, welcher mit zwei Marken versehen ist (100 ccm — 110 ccm), 100 ccm des Saftes ab, versetzt mit $^1/_{10}$ Volum Bleiessig, schüttelt kräftig durch und filtrirt durch ein trockenes Faltenfilter. Das Filtrat, welches nunmehr vollkommen farblos und klar sein muss, wird in einem 200 mm langen Beobachtungsrohr polarisirt. Um beim Einfüllen des Saftes in den Messkolben genau zur Marke einstellen zu können, lässt man die letzten Antheile aus einer

Pipette zufliessen, ebenso den Bleiessig aus einer mit Heber und Quetschhahn versehenen Flasche; die letztere trägt ausserdem in einer Durchbohrung des Stopfens ein mit Aetzkali gefülltes U-Rohr, um den Bleiessig vor der Einwirkung der Luft zu schützen.

Aus den am Polarimeter abgelesenen Graden ergeben sich die entsprechenden Gewichtsprocente Zucker im Saft durch folgende Rechnung. Wegen der Verdünnung mit $^1/_{10}$ Volum Bleiessig sind die abgelesenen Grade zunächst um $^1/_{10}$ des Betrages zu erhöhen und diese Zahl ist mit dem Faktor für Rohrzucker 0,26048 zu multipliciren und durch das specif. Gewicht zu dividiren. Um diese jedesmalige Berechnung zu ersparen, bedient man sich der von Schmitz verfassten Tabellen, bei welchen man an den Graden Brix und den Polarimetergraden direkt

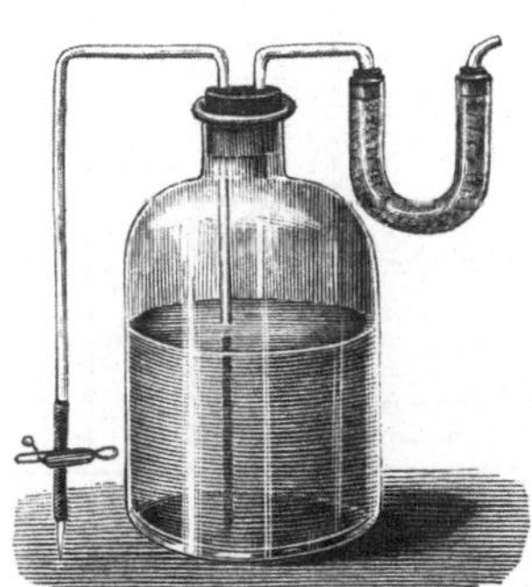

Fig. 12. Fig. 13.

Gewichtsprocente Zucker ablesen kann. Diese Tabellen berücksichtigen zugleich die mit wechselnder Koncentration sich etwas ändernde specifische Drehung des Rohrzuckers. Der Gebrauch der Tabellen ist ein sehr einfacher und kann durch folgendes Beispiel erläutert werden.

Hatte der zu untersuchende Saft das specifische Gewicht 1,0722 = 17,5° Brix und ergab die Polarisation 52,5° Drehung, so sucht man in der Vertikalkolumne die Zahl 52° und in der oberen Horizontalspalte das entsprechende oder annähernde specif. Gewicht; am Kreuzungspunkt beider Kolumnen findet sich die Zahl 13,88. Zur Berücksichtigung der Zehntel-Grade benutzt man die nebenbeistehende kleine Tabelle und addirt hiernach zu der obigen Zahl die entsprechenden Bruchtheile für 0,8° = 0,21. Der Zuckergehalt des Saftes ist demnach 13,88 + 0,21 = 14,09 Procent.

Tabelle von

für das Soleil-Scheibler'sche Instrument für beobachtete Dichtigkeiten und mit

Mit $^{1}/_{10}$ Volum

Procent Brix von 0,5 bis 12,0		Grade am Polari-meter	Procente Brix und ent-								
Zehntel-Grade	Procent Zucker		0,5 \newline 1,0019	1,0 \newline 1,0039	1,5 \newline 1,0058	2,0 \newline 1,0078	2,5 \newline 1,0098	3,0 \newline 1,0117	3,5 \newline 1,0137	4,0 \newline 1,0157	4,5 \newline 1,0177
0,1	0,03	1	0,29	0,29	0,29	0,28	0,28	0,28	0,28	0,28	0,28
0,2	0,06	2		0,57	0,57	0,57	0,57	0,56	0,56	0,56	0,56
0,3	0,08	3		0,85	0,85	0,85	0,85	0,85	0,85	0,84	0,84
0,4	0,11	4			1,14	1,13	1,13	1,13	1,13	1,13	1,12
0,5	0,14	5			1,42	1,42	1,41	1,41	1,41	1,41	1,40
0,6	0,17	6				1,70	1,70	1,69	1,69	1,69	1,68
0,7	0,19	7				1,98	1,98	1,98	1,97	1,97	1,96
0,8	0,22	8					2,26	2,26	2,26	2,25	2,25
0,9	0,25	9						2,54	2,54	2,53	2,53
		10						2,82	2,82	2,81	2,81
		11							3,10	3,09	3,09
		12							3,38	3,38	3,37
		13								3,66	3,65
		14								3,94	3,93
		15									4,21
Procent Brix von 12,5 bis 20,0		16									4,49
		17									
Zehntel-Grade	Procent Zucker	18									
		19									
		20									
0,1	0,03	21									
0,2	0,05	22									
0,3	0,08	23									
0,4	0,11	24									
0,5	0,13	25									
0,6	0,16	26									
0,7	0,19	27									
0,8	0,21	28									
0,9	0,24	29									
		30									
		31									
		32									
		33									
		34									
		35									
		36									
		37									
		38									
		39									

M. Schmitz

Berücksichtigung des veränderlichen specif. Drehungsvermögens des Rohrzuckers.
Bleiessig-Zusatz.

5,0	5,5	6,0	6,5	7,0	7,5	8,0	8,5	9,0	9,5	10,0	Grade am Polarimeter
1,0197	1,0217	1,0237	1,0258	1,0278	1,0298	1,0319	1,0339	1,0360	1,0381	1,0401	
0,28	0,28	0,28	0,28	0,28	0,28	0,28	0,28	0,28	0,28	0,28	1
0,56	0,56	0,56	0,56	0,56	0,55	0,55	0,55	0,55	0,55	0,55	2
0,84	0,84	0,84	0,84	0,83	0,83	0,83	0,83	0,83	0,83	0,82	3
1,12	1,12	1,12	1,11	1,11	1,11	1,11	1,11	1,10	1,10	1,10	4
1,40	1,40	1,40	1,39	1,39	1,39	1,38	1,38	1,38	1,38	1,37	5
1,68	1,68	1,67	1,67	1,67	1,66	1,66	1,66	1,66	1,65	1,65	6
1,96	1,96	1,95	1,95	1,95	1,94	1,94	1,93	1,93	1,93	1,92	7
2,24	2,24	2,23	2,23	2,22	2,22	2,22	2,21	2,21	2,20	2,20	8
2,52	2,52	2,51	2,51	2,50	2,50	2,49	2,49	2,48	2,48	2,47	9
2,80	2,80	2,79	2,79	2,78	2,78	2,77	2,76	2,76	2,75	2,75	10
3,08	3,08	3,07	3,06	3,06	3,05	3,05	3,04	3,03	3,03	3,02	11
3,36	3,36	3,35	3,34	3,34	3,33	3,32	3,32	3,31	3,30	3,30	12
3,64	3,64	3,63	3,62	3,61	3,61	3,60	3,59	3,59	3,58	3,57	13
3,92	3,92	3,91	3,90	3,89	3,88	3,88	3,87	3,86	3,85	3,85	14
4,20	4,19	4,19	4,18	4,17	4,16	4,15	4,15	4,14	4,13	4,12	15
4,48	4,47	4,47	4,46	4,45	4,44	4,43	4,42	4,41	4,40	4,40	16
4,77	4,76	4,75	4,74	4,73	4,72	4,71	4,70	4,69	4,68	4,67	17
	5,03	5,02	5,01	5,00	4,99	4,99	4,97	4,97	4,96	4,95	18
	5,32	5,31	5,29	5,27	5,27	5,26	5,25	5,24	5,23	5,22	19
		5,58	5,57	5,56	5,55	5,54	5,53	5,52	5,51	5,50	20
		5,86	5,85	5,84	5,83	5,82	5,81	5,79	5,78	5,77	21
			6,13	6,12	6,11	6,09	6,08	6,07	6,06	6,05	22
			6,41	6,40	6,38	6,37	6,36	6,35	6,33	6,32	23
				6,67	6,66	6,65	6,64	6,62	6,61	6,60	24
					6,94	6,93	6,91	6,90	6,89	6,87	25
					7,22	7,20	7,19	7,17	7,16	7,15	26
						7,48	7,46	7,45	7,44	7,42	27
						7,76	7,74	7,73	7,71	7,70	28
							8,02	8,00	7,99	7,97	29
								8,28	8,26	8,25	30
								8,55	8,54	8,52	31
								8,83	8,81	8,80	32
									9,09	9,07	33
										9,35	34
										9,62	35
											36
											37
											38
											39

Mit ¹/₁₀ Volum

Procente Brix von 0,5 bis 12,0		Grade am Polari-meter	Procente Brix und ent-								
Zehntel-Grade	Procent Zucker		10,5 1,0422	11,0 1,0443	11,5 1,0464	12,0 1,0485	12,5 1,0506	13,0 1,0528	13,5 1,0549	14,0 1,0570	14,5 1,0592
0,1	0,03	1	0,28	0,27	0,27	0,27	0,27	0,27	0,27	0,27	0,27
0,2	0,06	2	0,55	0,55	0,55	0,55	0,54	0,54	0,54	0,54	0,54
0,3	0,08	3	0,82	0,82	0,82	0,82	0,82	0,81	0,81	0,81	0,81
0,4	0,11	4	1,10	1,10	1,09	1,09	1,09	1,09	1,08	1,08	1,08
0,5	0,14	5	1,37	1,37	1,36	1,36	1,36	1,36	1,35	1,35	1,35
0,6	0,17	6	1,64	1,64	1,64	1,64	1,63	1,63	1,62	1,62	1,62
0,7	0,19	7	1,92	1,91	1,91	1,91	1,90	1,90	1,89	1,89	1,89
0,8	0,22	8	2,19	2,19	2,18	2,18	2,18	2,17	2,17	2,16	2,16
0,9	0,25	9	2,47	2,46	2,46	2,45	2,45	2,44	2,44	2,43	2,43
		10	2,74	2,74	2,73	2,73	2,72	2,71	2,71	2,70	2,70
		11	3,02	3,01	3,00	3,00	2,99	2,99	2,98	2,97	2,97
		12	3,29	3,28	3,27	3,28	3,26	3,26	3,25	3,24	3,24
		13	3,56	3,56	3,54	3,55	3,54	3,53	3,52	3,51	3,51
		14	3,84	3,83	3,82	3,82	3,81	3,80	3,79	3,78	3,78
		15	4,11	4,11	4,10	4,09	4,08	4,07	4,06	4,06	4,05
Procente Brix von 12,5 bis 20,0		16	4,39	4,38	4,37	4,36	4,35	4,34	4,33	4,33	4,32
		17	4,66	4,65	4,64	4,63	4,62	4,62	4,61	4,60	4,59
Zehntel-Grade	Procent Zucker	18	4,93	4,93	4,91	4,91	4,90	4,89	4,88	4,87	4,86
		19	5,21	5,20	5,19	5,18	5,17	5,16	5,15	5,14	5,13
		20	5,49	5,47	5,46	5,45	5,44	5,43	5,42	5,41	5,40
0,1	0,03	21	5,76	5,75	5,74	5,73	5,71	5,70	5,69	5,68	5,67
0,2	0,05	22	6,03	6,02	6,01	6,00	5,99	5,97	5,96	5,95	5,94
0,3	0,08	23	6,31	6,30	6,28	6,27	6,26	6,24	6,23	6,22	6,21
0,4	0,11	24	6,58	6,57	6,56	6,54	6,53	6,52	6,50	6,49	6,48
0,5	0,13	25	6,86	6,84	6,83	6,82	6,80	6,79	6,78	6,76	6,75
0,6	0,16	26	7,13	7,12	7,10	7,09	7,07	7,06	7,05	7,03	7,02
0,7	0,19	27	7,41	7,39	7,38	7,36	7,35	7,33	7,32	7,30	7,29
0,8	0,21	28	7,68	7,66	7,65	7,63	7,62	7,60	7,59	7,57	7,56
0,9	0,24	29	7,96	7,94	7,92	7,91	7,89	7,87	7,86	7,84	7,83
		30	8,23	8,21	8,20	8,18	8,16	8,15	8,13	8,11	8,10
		31	8,50	8,49	8,47	8,45	8,44	8,42	8,40	8,39	8,37
		32	8,78	8,76	8,74	8,73	8,71	8,69	8,67	8,66	8,64
		33	9,05	9,03	9,02	9,00	8,98	8,96	8,94	8,93	8,91
		34	9,33	9,31	9,29	9,27	9,25	9,23	9,22	9,20	9,18
		35	9,60	9,58	9,56	9,54	9,53	9,51	9,49	9,47	9,45
		36	9,88	9,86	9,84	9,82	9,80	9,78	9,76	9,74	9,72
		37	10,15	10,13	10,11	10,09	10,07	10,05	10,03	10,01	9,99
		38		10,40	10,38	10,36	10,34	10,32	10,30	10,28	10,26
		39		10,68	10,66	10,64	10,61	10,59	10,57	10,55	10,53

Bleiessig-Zusatz.

sprechendes specifisches Gewicht.											Grade am Polarimeter
15,0 1,0613	15,5 1,0635	16,0 1,0657	16,5 1,0678	17,0 1,0700	17,5 1,0722	18,0 1,0744	18,5 1,0766	19,0 1,0788	19,5 1,0811	20,0 1,0833	
0,27	0,27	0,27	0,27	0,27	0,27	0,27	0,27	0,27	0,27	0,26	1
0,54	0,54	0,54	0,54	0,53	0,53	0,53	0,53	0,53	0,53	0,53	2
0,81	0,81	0,80	0,80	0,80	0,80	0,80	0,80	0,79	0,79	0,79	3
1,08	1,08	1,07	1,07	1,07	1,07	1,06	1,06	1,06	1,06	1,06	4
1,35	1,34	1,34	1,34	1,34	1,33	1,33	1,33	1,32	1,32	1,32	5
1,62	1,61	1,61	1,61	1,60	1,60	1,60	1,59	1,59	1,59	1,58	6
1,88	1,88	1,88	1,87	1,87	1,86	1,86	1,86	1,85	1,85	1,85	7
2,15	2,15	2,15	2,14	2,14	2,13	2,13	2,12	2,12	2,12	2,11	8
2,42	2,42	2,41	2,41	2,40	2,40	2,39	2,39	2,38	2,38	2,37	9
2,69	2,69	2,68	2,68	2,67	2,67	2,66	2,65	2,65	2,64	2,64	10
2,96	2,95	2,95	2,94	2,94	2,93	2,92	2,92	2,91	2,91	2,90	11
3,23	3,22	3,22	3,21	3,20	3,20	3,19	3,18	3,18	3,17	3,17	12
3,50	3,49	3,49	3,48	3,47	3,46	3,46	3,45	3,44	3,44	3,43	13
3,77	3,76	3,75	3,75	3,74	3,73	3,72	3,72	3,71	3,70	3,69	14
4,04	4,03	4,02	4,02	4,01	4,00	3,99	3,98	3,97	3,97	3,96	15
4,31	4,30	4,29	4,28	4,27	4,26	4,26	4,25	4,24	4,23	4,22	16
4,58	4,57	4,56	4,55	4,54	4,53	4,52	4,51	4,50	4,49	4,48	17
4,85	4,84	4,83	4,82	4,81	4,80	4,79	4,78	4,77	3,76	4,75	18
5,12	5,11	5,10	5,09	5,08	5,06	5,05	5,04	5,03	5,02	5,01	19
5,39	5,38	5,36	5,35	5,34	5,33	5,32	5,31	5,30	5,29	5,28	20
5,66	5,65	5,63	5,62	5,61	5,60	5,59	5,58	5,56	5,55	5,54	21
5,93	5,91	5,90	5,89	5,88	5,87	5,85	5,84	5,83	5,82	5,80	22
6,20	6,18	6,17	6,16	6,14	6,13	6,12	6,11	6,09	6,08	6,07	23
6,46	6,45	6,44	6,43	6,41	6,40	6,39	6,37	6,36	6,35	6,33	24
6,73	6,72	6,71	6,69	6,68	6,67	6,65	6,64	6,63	6,61	6,60	25
7,00	6,99	6,97	6,96	6,95	6,93	6,92	6,90	6,89	6,88	6,86	26
7,27	7,26	7,24	7,23	7,21	7,20	7,18	7,17	7,15	7,14	7,13	27
7,54	7,53	7,51	7,50	7,48	7,47	7,45	7,44	7,42	7,40	7,39	28
7,81	7,80	7,78	7,77	7,75	7,74	7,72	7,70	7,68	7,67	7,65	29
8,08	8,06	8,05	8,03	8,02	8,00	7,98	7,97	7,95	7,93	7,92	30
8,35	8,33	8,32	8,30	8,28	8,27	8,25	8,23	8,21	8,20	8,18	31
8,62	8,60	8,58	8,57	8,55	8,53	8,51	8,50	8,48	8,46	8,45	32
8,89	8,87	8,85	8,84	8,82	8,80	8,78	8,76	8,75	8,73	8,71	33
9,16	9,14	9,12	9,10	9,09	9,07	9,05	9,03	9,01	8,99	8,97	34
9,43	9,41	9,39	9,37	9,35	9,34	9,31	9,30	9,28	9,26	9,24	35
9,70	9,68	9,66	9,64	9,62	9,60	9,58	9,56	9,54	9,52	9,50	36
9,97	9,95	9,93	9,91	9,89	9,87	9,85	9,83	9,81	9,79	9,77	37
10,24	10,22	10,20	10,18	10,15	10,13	10,11	10,09	10,07	10,05	10,03	38
10,51	10,49	10,46	10,44	10,42	10,40	10,38	10,36	10,34	10,32	10,29	39

Mit $^1/_{10}$ Volum

| Procent Brix von 11,5 bis 22,5 | | Grade am Polarimeter | Procente Brix und ent- | | | | | |
Zehntel-Grade	Procent Zucker		11,5 1,0464	12,0 1,0485	12,5 1,0506	13,0 1,0528	13,5 1,0549	14,0 1,0570
0,1	0,03	40	10,93	10,91	10,89	10,86	10,84	10,82
0,2	0,05	41		11,18	11,16	11,14	11,12	11,09
0,3	0,08	42		11,46	11,43	11,41	11,39	11,36
0,4	0,11	43			11,71	11,68	11,66	11,64
0,5	0,13	44			11,98	11,95	11,93	11,91
0,6	0,16	45			12,25	12,23	12,20	12,18
0,7	0,19	46				12,50	12,47	12,45
0,8	0,21	47					12,74	12,72
0,9	0,24	48					13,02	12,99
		49						13,26
		50						
		51						
		52						
		53						
		54						
		55						
Procent Brix von 23,0 bis 24,0		56						
		57						
		58						
Zehntel-Grade	Procent Zucker	59						
0,1	0,03	60						
0,2	0,05	61						
0,3	0,08	62						
0,4	0,10	63						
0,5	0,13	64						
0,6	0,16	65						
0,7	0,18	66						
0,8	0,21	67						
0,9	0,23	68						
		69						
		70						
		71						
		72						
		73						
		74						
		75						
		76						
		77						
		78						
		79						
		80						

Bleiessig-Zusatz.

sprechendes specifisches Gewicht.							Grade am Polarimeter
14,5 1,0592	15,0 1,0613	15,5 1,0635	16,0 1,0657	16,5 1,0678	17,0 1,0700	17,5 1,0722	
10,80	10,78	10,76	10,73	10,71	10,69	10,67	40
11,07	11,05	11,03	11,00	10,98	10,96	10,94	41
11,34	11,32	11,29	11,27	11,25	11,23	11,20	42
11,61	11,59	11,56	11,54	11,52	11,49	11,47	43
11,88	11,86	11,83	11,81	11,79	11,76	11,74	44
12,15	12,13	12,10	12,08	12,05	12,03	12,01	45
12,42	12,40	12,37	12,35	12,32	12,30	12,27	46
12,69	12,67	12,64	12,61	12,59	12,56	12,54	47
12,97	12,94	12,91	12,88	12,86	12,83	12,81	48
13,23	13,21	13,18	13,15	13,13	13,10	13,07	49
13,50	13,48	13,45	13,42	13,40	13,37	13,34	50
13,78	13,75	13,72	13,69	13,66	13,64	13,61	51
	14,02	13,99	13,96	13,93	13,90	13,88	52
	14,29	14,26	14,23	14,20	14,17	14,14	53
		14,53	14,50	14,47	14,44	14,41	54
		14,80	14,77	14,74	14,71	14,68	55
			15,03	15,00	14,97	14,94	56
			15,30	15,27	15,24	15,21	57
			15,57	15,54	15,51	15,48	58
				15,81	15,78	15,75	59
					16,05	16,01	60
					16,31	16,28	61
						16,55	62
						16,82	63
							64
							65
							66
							67
							68
							69
							70
							71
							72
							73
							74
							75
							76
							77
							78
							79
							80

Mit $^1/_{10}$ Volum

Procent Brix von 11,5 bis 22,5		Grade am Polarimeter	Procente Brix und ent-					
Zehntel-Grade	Procent Zucker		18,0 1,0744	18,5 1,0766	19,0 1,0788	19,5 1,0811	20,0 1,0833	20,5 1,0855
		40	10,64	10,62	10,60	10,58	10,56	10,54
0,1	0,03	41	10,91	10,89	10,87	10,85	10,82	10,80
0,2	0,05	42	11,18	11,16.	11,13	11,11	11,10	11,07
0,3	0,08	43	11,45	11,42	11,40	11,38	11,35	11,33
0,4	0,11	44	11,71	11,69	11,66	11,64	11,62	11,59
0,5	0,13	45	11,98	11,96	11,93	11,91	11,88	11,86
0,6	0,16	46	12,25	12,22	12,20	12,17	12,15	12,12
0,7	0,19	47	12,51	12,49	12,46	12,44	12,41	12,39
0,8	0,21	48	12,78	12,75	12,73	12,70	12,67	12,65
0,9	0,24	49	13,05	13,02	12,99	12,97	12,94	12,91
		50	13,31	13,29	13,26	13,23	13,20	13,18
		51	13,58	13,55	13,52	13,50	13,47	13,44
		52	13,85	13,82	13,79	13,76	13,73	13,70
		53	14,11	14,08	14,05	14,03	14,00	13,97
		54	14,38	14,35	14,32	14,29	14,26	14,23
		55	14,65	14,62	14,59	14,56	14,53	14,50
Procent Brix von 23,0 bis 24,0		56	14,91	14,88	14,85	14,82	14,79	14,76
		57	15,18	15,15	15,12	15,09	12,06	15,02
Zehntel-Grade	Procent Zucker	58	15,45	15,42	15,38	15,35	15,32	15,29
		59	15,71	15,68	15.65	15,62	15,58	15,55
		60	15,98	15,95	15,92	15,88	15,85	15,82
0,1	0,03	61	16,25	16,21	16,18	16,15	16,11	16,08
0,2	0,05	62	16,52	16,48	16,45	16,41	16,38	16,35
0,3	0,08	63	16,78	16,75	16,71	16,68	16,64	16,61
0,4	0,10	64	17,05	17,01	16,98	16,94	16,91	16,87
0,5	0,13	65	17,32	17,28	17,24	17,21	17,17	17,14
0,6	0,16	66		17,55	17,51	17,47	17,44	17,40
0,7	0,18	67		17,81	17,78	17,74	17,70	17,67
0,8	0,21	68			18,04	18,00	17,97	17,93
0,9	0,23	69			18,31	18,27	18,23	18,19
		70				18,53	18,50	18,46
		71					18,76	18,72
		72					19,03	18,99
		73						19,25
		74						19,52
		75						19,78
		76						
		77						
		78						
		79						
		80						

Aus der Saccharometeranzeige und den abgelesenen Polarimetergraden lässt und Nelle berechneten Tabellen ohne weitere Rechnung ablesen. Es sei daher

Bleiessig-Zusatz.

sprechendes specifisches Gewicht.							Grade am Polarimeter
21,0 1,0878	21,5 1,0900	22,0 1,0923	22,5 1,0946	23,0 1,0969	23,5 1,0992	24,0 1,1015	
10,52	10,49	10,47	10,45	10,43	10,41	10,38	40
10,78	10,76	10,74	10,71	10,69	10,67	10,65	41
11,04	11,02	11,00	10,97	10,95	10,93	10,90	42
11,31	11,28	11,26	11,24	11,21	11,19	11,17	43
11,57	11,55	11,52	11,50	11,47	11,45	11,42	44
11,83	11,81	11,78	11,76	11,73	11,71	11,69	45
12,09	12,07	12,05	12,02	12,00	11,97	11,94	46
12,36	12,33	12,31	12,28	12,26	12,23	12,21	47
12,62	12,60	12,57	12,54	12,52	12,49	12,47	48
12,88	12,86	12,83	12,81	12,78	12,75	12,73	49
13,15	13,12	13,09	13,07	13,04	13,01	12,99	50
13,41	13,39	13,36	13,33	13,30	13,27	13,25	51
13,68	13,65	13,62	13,59	13,56	13,53	13,51	52
13,94	13,91	13,88	13,85	13,82	13,79	13,76	53
14,20	14,17	14,14	14,11	14,08	14,06	14,02	54
14,47	14,44	14,41	14,38	14,35	14,32	14,29	55
14,73	14,70	14,67	14,64	14,61	14,58	14,55	56
14,99	14,96	14,93	14,90	14,87	14,84	14,81	57
15,26	15,23	15,19	15,16	15,13	15,10	15,07	58
15,52	15,49	15,46	15,42	15,39	15,36	15,33	59
15,78	15,75	15,72	15,69	15,65	15,62	15,59	60
16,05	16,01	15,98	15,95	15,91	15,88	15,85	61
16,31	16,28	16,24	16,21	16,18	16,14	16,11	62
16,57	16,54	16,51	16,47	16,44	16,40	16,37	63
16,84	16,80	16,77	16,73	16,70	16,66	16,63	64
17,10	17,07	17,03	17,00	16,96	16,92	16,89	65
17,37	17,33	17,29	17,26	17,22	17,19	17,15	66
17,63	17,59	17,56	17,52	17,48	17,45	17,41	67
17,89	17,86	17,82	17,78	17,74	17,71	17,67	68
18,16	18,12	18,08	18,04	18,00	17,97	17,93	69
18,42	18,38	18,35	18,31	18,27	18,23	18,19	70
18,68	18,65	18,61	18,57	18,53	18,49	18,45	71
18,95	18,91	18,87	18,83	18,79	18,75	18,71	72
19,21	19,17	19,13	19,09	19,05	19,01	18,97	73
19,48	19,44	19,40	19,35	19,31	19,27	19,23	74
19,74	19,70	19,66	19,62	19,57	19,53	19,49	75
20,00	19,96	19,92	19,88	19,84	19,80	19,75	76
20,27	20,22	20,18	20,14	20,10	20,06	20,01	77
	20,49	20,45	20,40	20,36	20,32	20,27	78
	20,75	20,71	20,66	20,62	20,58	20,54	79
		20,97	20,93	20,88	20,84	20,80	80

sich der procentische Zuckergehalt, sowie der Reinheitsquotient aus den von Petrucci auf diese für den Fabrikgebrauch äusserst bequemen Tabellen besonders hin

Gewichtsmethode. Man wägt von dem zu untersuchenden Rübensaft das Normalgewicht oder, um den Beobachtungsfehler zu verringern, ein Vielfaches davon (52,1 oder 78,15 g) in einem 100 ccm-Kölbchen ab, versetzt mit soviel Bleiessig, bis keine weitere Fällung dadurch hervorgerufen wird, und füllt mit Wasser (besser mit Alkohol) zur Marke auf. Man liest bei der Polarisation dann direkt Procente Zucker an der Skala ab.

Bei der Untersuchung des Rübensaftes (wie auch der Dünn- und Dicksäfte) ist folgende Zusammenstellung der erhaltenen Resultate gebräuchlich:

$$a = \text{Grade Brix,}$$
$$b = \text{Polarisation (Gewichtsprocente Zucker),}$$
$$a - b = \text{Nichtzucker,}$$
$$\frac{100\,b}{a} = \text{scheinbarer Reinheitsquotient.}$$

Der wahre Reinheitsquotient ergiebt sich aus der Proportion: $\frac{100\,b}{Tr}$, worin Tr die Trockensubstanz in Procenten, ermittelt durch Wasserbestimmung, bezeichnet.

Hat man nach einer der beiden Methoden den Zuckergehalt des Rübenpress-Saftes bestimmt, so kann man hieraus den Zuckergehalt der Rüben nach Petermann-Pellet'scher Formel berechnen, falls man nicht, was zu empfehlen ist, die direkte Bestimmung durch Extraktion oder Digestion des Rübenbreies durch Alkohol resp. Wasser vorzieht (s. weiter unten S. 51—54).

Die Bestimmung des Rübenmarkes geschieht nach folgender Methode. Dieselbe beruht darauf, dass man eine gewogene Menge des Rübenbreies (etwa 20 g) nach einander mit kaltem und heissem Wasser vollständig auslaugt, wozu etwa 6 Stunden erforderlich sind, den Rückstand auf einem getrockneten Filter sammelt, bei 100 bis 110° C. trocknet und wägt. Die Auslaugung nimmt man am besten in einer flachen Schale vor, indem man den Rübenbrei mit ca. 300 ccm Wasser übergiesst und dasselbe nach längerem Stehen durch ein mit Klavierfilz gefülltes Trichterrohr absaugt. Die Auswaschung des Rübenbreies darf als vollständig angesehen werden, wenn sich beim Trocknen des Rückstandes auf dem Filter kein gefärbter Rand zeigt.

---

gewiesen. 1. Tables pour les analyses de betteraves sucrières par Petrucci. Impr. Lambert de Roisin. Namur 1891. 2. Tabelle zur Berechnung der Polarisationsresultate der Rübensäfte von M. Nelle. Markranstädt.

Ein gewöhnlich noch vorhandener Aschengehalt wird durch Glühen des trockenen Rückstandes, nachdem das Filter für sich verascht, quantitativ festgestellt und von dem Mark in Abzug gebracht.

II. Direkte Bestimmung des Zuckergehaltes der Rüben durch Extraktion mittelst Alkohol.

Scheibler gab zuerst ein Verfahren an, durch Extraktion einer gewogenen Menge Rübenbrei mittelst Alkohol in einem von ihm konstruirten Apparate direkt den Zuckergehalt der Rüben zu bestimmen. Die nebenstehende Figur 14 zeigt die Einrichtung des eigentlichen Extraktionsapparates verbesserter Konstruktion.

Der Scheibler'sche Extraktionsapparat besteht aus drei in einander gefügten Röhren A, B, C, von denen die äusseren B und C oben mit einander verschmolzen sind; die mittlere Röhre A, welche zur Aufnahme des Rüben breies dient, ist an dem oberen Theil luftdicht eingeschliffen, herausziehbar und oben mit mehreren Oeffnungen O, O, O versehen. Die Bodenöffnung dieses Rohres wird durch eine Siebplatte a lose verschlossen. Die mittlere Röhre B hat an ihrem oberen Theil ebenfalls mehrere Oeffnungen, der Boden derselben ist etwas gewölbt, um die Flüssigkeit zu zwingen, nach den Wandungen hin abzufliessen. Die untere Spitze des Apparates wird vermittelst eines durchbohrten Gummistopfens in den Hals des Kohlrausch-Kolbens E eingefügt, welcher bis zur Marke genau 200 ccm fasst; der obere Theil des Apparates steht mit einer Kühlvorrichtung in Verbindung.

Bei Ausführung einer Rübenextraktion vermittelst des Scheibler'schen Apparates verfährt man folgendermaassen.

In einer tarirten Neusilberschale wägt man auf einer guten technischen Waage das doppelte Normalgewicht Rübenbrei ab und

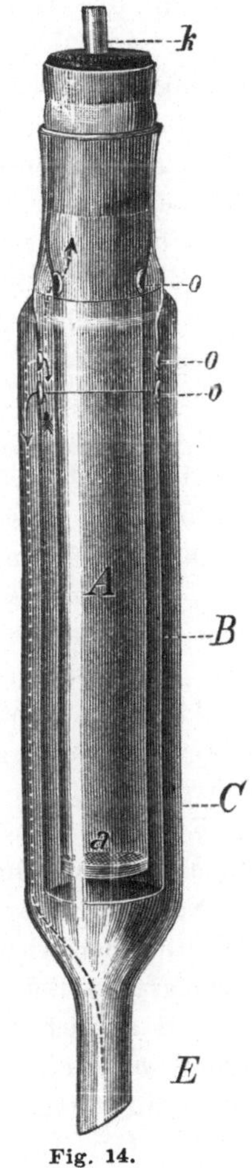

Fig. 14.

4*

bringt ihn mit Hilfe eines weiten Metalltrichters und Glasstabes in die innere Röhre A, die letzten Theile spült man mit etwas Alkohol in den Apparat. Der Rübenbrei lagert sich auf der Siebplatte ab, während der Alkohol zwischen A und B emporsteigt und durch die Oeffnungen OO in den äusseren Mantel und von da in den Kolben E abfliesst. Man giesst nun soviel Alkohol nach, bis der Kolben etwa ein Drittel gefüllt ist, verbindet den Apparat mit dem Kühler und erhitzt den Kolben im Wasserbad bis zum Sieden des Alkohols. Die Alkoholdämpfe steigen aus dem Kolben zwischen B und C auf, passiren die Oeffnungen O O, werden im Kühler verdichtet und tropfen auf den Rübenbrei zurück. Aus vergleichenden Untersuchungen Burkhard's ergab sich, dass nach $^3/_4$ Stunden die Extraktion als beendigt angesehen werden darf. Ein Vorzug des Scheibler'schen Apparates besteht darin, dass die zu extrahirenden Rübenschnitzel sich stets innerhalb frisch zufliessenden Alkohols befinden, während gleichzeitig die zwischen B und C aufsteigenden Alkoholdämpfe die Temperatur dem Siedepunkt nahe erhalten. Ferner findet ein Abhebern des Alkohols nicht statt, sondern es verdrängt vermöge der dem Apparate eigenthümlichen Konstruktion der hinzudestillirende Alkohol kontinuirlich den mit Zucker beladenen und lässt ihn in den Kolben zurückfliessen. Nach beendigter Extraktion verbleibt ein Theil des Alkohols stets im oberen Theil des Apparates; man benutzt denselben zum Auffüllen des Maasskolben, nachdem man mit 4—5 ccm Bleiessig versetzt hat. Das Auffüllen des Kolbens zur Marke darf natürlich erst dann geschehen, wenn der Inhalt desselben auf die Normaltemperatur abgekühlt ist. Man filtrirt hierauf durch ein trockenes Filter und polarisirt im 200 oder 400 mm-Rohr. Die Ablesung giebt im ersteren Falle direkt Procente Zucker in der Rübe an. Während des Filtrirens ist der Trichter zu bedecken, damit nicht durch Verdampfen die Zuckerlösung koncentrirter wird.

Extraktion nach Sickel-Soxhlet. Sickel wendete zu seinen Untersuchungen über die Methode der Alkoholextraktion den von Soxhlet angegebenen Apparat an; die Konstruktion desselben wird in nebenstehender Figur veranschaulicht. An ein weites, unten geschlossenes Rohr A, welches den Rübenbrei aufzunehmen bestimmt ist, sind seitlich zwei engere Röhren angeschmolzen. B, ungefähr 10 mm weit, mündet oben bei E, unten bei D in das Extraktionsrohr A und trägt an seinem oberen Theil eine kugelförmige Erweiterung. Der aus einem dickwandigen 2—3 mm weiten Glasrohr

gefertigte Heber C ist an der tiefsten Stelle am Boden von A angeschmolzen, biegt sich dicht an der Aussenwand von A aufwärts, bis
er etwas unterhalb E abwärts steigt und bei G in den unteren
Theil des Apparates einmündet. Um ein Verstopfen des Heberrohres
zu vermeiden, befindet sich am Boden von A eine Scheibe von
Klavierfilz.

Die Arbeitsweise mit dem Soxhlet'schen Apparat ist im Ganzen dieselbe, wie die oben beschriebene.

52,1 g Rübenbrei werden quantitativ in das
Rohr A gebracht, hierauf schliesst man durch
einen passenden Gummistopfen den mit etwa
100 ccm Alkohol (80 Procent) gefüllten Maasskolben
(200 ccm), sowie oberhalb einen Liebig'schen Kühler
an und erhitzt mindestens eine Stunde auf dem
Wasser- oder Sandbade zum Sieden. Die Alkoholdämpfe steigen durch D B E in den Kühler und
es tropft der kondensirte Alkohol auf den Rübenbrei; hat sich soviel Alkohol in A angesammelt,
dass der Heber C vollständig gefüllt ist, so tritt der letztere in
Funktion und lässt die gesammte Flüssigkeit in den Kolben abfliessen, worauf derselbe Vorgang sich von Neuem wiederholt. Um
ein kontinuirliches Abfliessen des Alkohols aus dem Heber zu bewirken, hat Baumann vorgeschlagen, an dem obersten Theil des
Hebers eine Erweiterung desselben anzubringen.

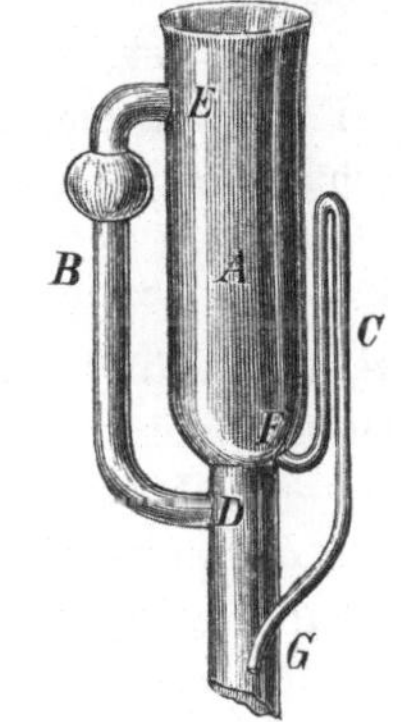

Fig. 15.

III. Alkoholische Digestion nach Rapp-Degener und Stammer's Alkoholbreipolarisation.

Das nachstehend beschriebene Verfahren der Rübenuntersuchung
bietet den Vortheil, dass es bei Erreichung gleich genauer Resultate
sich mit den einfachsten Hilfsmitteln ausführen lässt, und hat sich
deshalb in sehr vielen Fabriken eingebürgert.

Man bringt ohne Verlust das doppelte Normalgewicht Rübenbrei in einen 200 ccm-Kolben mit gekröpftem Hals, übergiesst mit
soviel 90 procentigem Alkohol, dass der Kolben etwa zu drei
Vierteln gefüllt ist, und setzt mit Hilfe eines genau passenden
durchbohrten Gummistopfens ein etwa 1,25 m langes Glasrohr von
ca. 5 mm Weite auf. Man erhält nun den Kolbeninhalt im Wasser-

bad 20 Minuten hindurch in ruhigem Sieden und füllt dann mit Alkohol ca. 1 cm über die Marke auf. Hierauf stellt man den Kolben nochmals in das heisse Wasserbad, bis Blasen aufzusteigen beginnen, und lässt ungefähr eine halbe Stunde bei gewöhnlicher Temperatur erkalten. Die Flüssigkeit hat sich dann soweit kontrahirt, dass sie etwa 1 cm unterhalb der Marke abschneidet; sobald dies der Fall ist, versetzt man mit 10—15 Tropfen Bleiessig und füllt bei Normaltemperatur bis zur Marke auf. Die durch kräftiges Umschütteln vollends gemischte Flüssigkeit wird durch ein trockenes Faltenfilter gegossen und im 200 mm-Rohr polarisirt. Wegen des im Kolben enthaltenen Rübenmarkes und der dadurch bedingten Volumenverminderung der Flüssigkeit muss der abgelesene Betrag mit 0,996 multiplicirt werden, um direkt Procent Zucker in der Rübe zu erhalten. Diese Umrechnung kann man sich ersparen, wenn man auf das doppelte Normalgewicht Rübenbrei Maasskolben von 201,6 ccm Inhalt verwendet.

In der Einsicht, dass die Zeitdauer der Digestion wesentlich abgekürzt und die Operation auch bei niederer Temperatur ausgeführt werden kann, wenn man bei der Bestimmung einen Brei von möglichst grosser Feinheit anwendet, hat Stammer sein Verfahren der Alkoholbreipolarisation angegeben. Zur Herstellung des Rübenbreies benutzt derselbe die Suckow'sche Mühle, welche in ihrer Einrichtung sehr den Farbenmühlen ähnelt. Er nimmt zu jedem Versuch 100 g Rübenbrei, spült ihn mit Alkohol von 92% in einen Kolben von 386 ccm Inhalt, versetzt mit 7 ccm Bleiessig, und füllt zur Marke auf. Nach mehrmaligem, kräftigem Durchschütteln wird filtrirt und es ergiebt die Ablesung im 200 mm-Rohr direkt Procent Zucker in der Rübe.

Sowohl bei dem Verfahren der alkoholischen Extraktion wie auch der Digestion muss unbedingt die Anwendung eines Ueberschusses von Bleiessig vermieden werden, da sonst durch Bildung von Bleisaccharat die Polarisation zu niedrig ausfällt.

Bemerkung: Pellet versucht neuerdings, die angegebenen Alkoholmethoden zur Rübenuntersuchung durch seine wässerige Digestion zu ersetzen, und zwar hat er zwei Methoden angegeben, von denen die erstere (Procédé de digestion aqueuse à chaud) dem Verfahren von Rapp-Degener entspricht, während seine kalte wässerige Digestion (Digestion aqueuse à froid et instantanée) in analoger Art wie Stammer's Alkoholbreipolarisation ausgeführt wird. Pellet giebt für seine warme wässerige Digestion folgende Vorschrift: Von dem genügend feinen Rübenbrei bringt man 52,1 g in einen Kolben, der mit 2 Marken, 200—210 ccm, versehen ist; der Abstand zwischen beiden Marken ist in halbe Kubikcentimeter getheilt. Das Volumen des Wassers soll 175 ccm betragen, wozu man noch 5 ccm Bleiessig von 1,24 spec. Gew. fügt. Der Kolben wird hierauf durch ein aufgesetztes Kühlrohr verschlossen und 20 bis 30 Minuten im Wasserbade auf 85—90° C. erwärmt, abgekühlt und der Inhalt unter Zusatz einiger Tropfen Essigsäure auf 201,4 ccm gebracht. Die Polarisation giebt direkt Procent Zucker in der Rübe.

Die kalte wässerige Digestion setzt zur Herstellung des salbenartigen Breies die Suckow'sche Reibe oder die Rübenfraise-Maschine von Keil & Dolle (Quedlinburg) voraus; als Zeitdauer der Digestion wird drei Minuten angegeben.

Bezüglich des Werthes der Wasserdigestionsmethoden muss erwähnt werden, dass zum Beweise für die Richtigkeit der damit erhaltenen Resultate nur eine allerdings grosse Reihe von Versuchen von Pellet und seinen Anhängern angeführt worden ist, deren Durchschnitt mit dem Werthe der Alkohol-Extraktion und Digestion gut übereinstimmt; ebenso sind aber auch von verschiedenen Chemikern beträchtliche Differenzen zwischen den Resultaten von Parallelversuchen nach beiden Methoden beobachtet worden. Synthetische Fundamentalversuche, wie die von Sickel für die Alkoholmethode ausgeführten, liegen von Seiten Pellet's nicht vor; es ist daher besonders bei der Untersuchung anscheinend anormaler Rüben im Gebrauch der Methoden Vorsicht dringend geboten und mindestens in solchen Fällen die Ausführung der Alkoholmethode die einzig richtige.

Sechstes Kapitel.

II. Untersuchung des Diffusions- und Dünn-Saftes.

Das über die Analyse des Rübenrohsaftes Gesagte gilt auch für den Diffusionssaft, sowie für die Dünnsäfte der verschiedenen Saturationen; bei letzteren ist ausserdem aber noch die Bestimmung der Alkalität erforderlich.

a) Die Ermittelung des specifischen Gewichts resp. der Grade Brix geschieht in der beschriebenen Weise mittelst des

Tabelle zur Berechnung der Reinheitsquotienten der Säfte von 8,2° Br. bis 10,6° Brix (I).

Procent Zucker

Grade Brix	6,4	6,5	6,6	6,7	6,8	6,9	7,0	7,1	7,2	7,3	7,4	7,5	7,6	7,7	7,8	7,9	8,0	8,1	Grade Brix
8,2	78,0	79,2	80,5	81,7	82,9	84,1	85,4	86,6	87,8	89,0	90,2	91,4	92,7						8,2
3	77,1	78,3	79,5	80,7	81,9	83,1	84,4	85,6	86,7	87,9	89,1	90,3	91,6						3
4			78,5	79,8	81,0	82,2	83,3	84,5	85,7	86,9	88,1	89,3	90,5	91,7	92,8				4
5			77,6	78,8	80,0	81,2	82,3	83,5	84,7	85,9	87,0	88,2	89,4	90,6	91,8				5
6					79,0	80,2	81,4	82,5	83,7	84,9	86,0	87,2	88,4	89,6	90,7	91,9	93,0		6
7	8.2	8.3	8.4		78,1	79,3	80,5	81,6	82,7	83,9	85,1	86,2	87,3	88,5	89,7	90,8	92,0		7
8	93,2	94,3			77,2	78,4	79,5	80,7	81,8	83,1	84,0	85,1	86,3	87,5	88,7	89,8	90,9	92,1	8
9	92,1	93,2	94,2		76,4	77,5	78,6	79,8	81,0	82,0	83,1	84,2	85,4	86,5	87,6	88,7	89,9	90,9	9
9,0	91,1	92,2	93,3		75,5	76,6	77,7	78,9	80,0	81,1	82,2.	83,3	84,4	85,5	86,6	87,7	88,9	90,1	9,0
1	90,1	91,2	92,3		74,7	75,7	76,8	77,9	79,1	80,2	81,4	82,4	83,5	84,6	85,7	86,8	87,9	89,0	1
2	89,1	90,2	91,3	8.5	8.6		76,1	77,1	78,2	79,4	80,5	81,5	82,6	83,7	84,8	85,9	87,0	88,0	2
3	88,2	89,2	90,2	91,3	92,5		75,3	76,3	77,4	78,4	79,5	80,6	81,8	82,8	83,9	84,9	86,0	87,1	3
4	87,2	88,3	89,4	90,4	91,5				76,6	76,6	78,7	79,9	81,0	82,0	83,0	84,1	85,1	86,1	4
5	86,3	87,4	88,4	89,5	90,5	8.7	8.8		75,8	76,8	77,9	78,9	80,0	81,1	82,2	83,2	84,2	85,3	5
6	85,4	86,5	87,5	88,6	89,6	90,7	91,7				77,0	78,1	79,2	80,2	81,3	82,3	83,3	84,4	6
7	84,5	85,6	86,6	87,6	88,7	89,7	90,7	8.9	9.0		76,3	77,3	78,3	79,4	80,4	81,4	82,5	83,5	7
8	83,7	84,7	85,7	86,7	87,8	88,8	89,8	90,8	91,8				77,5	78,6	79,6	80,6	81,6	82,7	8
9	82,8	83,8	84,8	85,9	86,9	87,9	88,9	89,9	90,9				76,6	77,9	78,8	79,8	80,8	81,8	9
10,0	82,0	83,0	84,0	85,0	86,0	87,0	88,0	89,0	90,0	9.1	9.2		76,0	77,0	78,0	79,0	80,0	81,0	10,0
1	81,2	82,3	83,2	84,0	85,1	86,1	87,1	88,1	89,1	90,1	91,1	9.3	75,2	76,3	77,2	78,2	79,2	80,1	1
2	80,4	81,4	82,3	83,3	84,3	85,2	86,3	87,2	88,2	89,2	90,2	91,2	9.4	75,5	76,5	77,4	78,4	79,3	2
3	79,6	80,6	81,5	82,5	83,5	84,4	85,4	86,3	87,4	88,1	89,3	90,3	91,3	9.5	75,6	76,6	77,7	78,6	3
4	78,8	79,8	80,8	81,6	82,7	83,5	84,6	85,5	86,5	87,5	88,5	89,4	90,4	91,3	9.6	75,9	76,4	78,0	4
5	78,0	79,0	79,9	80,8	81,9	82,9	83,8	84,8	85,7	86,7	87,7	88,5	89,5	90,4			76,2	77,2	5
6	77,4	78,3	79,2	80,1	81,1	82,2	83,0	84,0	84,9	85,7	86,8	87,8	88,7	89,6	90,6		75,5	76,4	6

Tabelle zur Berechnung der Reinheitsquotienten der Säfte von 10,7° Br. bis 13,0° Brix (II).

Procent Zucker

Grade Brix	8,0	8,1	8,2	8,3	8,4	8,5	8,6	8,7	8,8	8,9	9,0	9,1	9,2	9,3	9,4	9,5	9,6	9,7	9,8	9,9	10,0	10,1	10,2	Grade Brix
10,7			76,6	77,5	78,5	79,3	80,4	81,4	82,2	83,2	84,1	84,9	86,0	87,0	87,8	88,6	89,7	90,6	91,6	92,5	93,5			10,7
8			75,9	76,7	77,9	78,8	79,6	80,5	81,5	82,3	83,3	84,3	85,2	86,2	87,0	87,8	88,9	89,8	90,7	91,6	92,6			8
9			75,2	76,1	77,1	78,1	78,9	79,8	80,7	81,5	82,6	83,6	84,4	85,3	86,2	87,1	88,2	89,0	89,9	90,7	91,8			9
11,0				76,4	77,3	78,2	79,0	80,0	80,8	81,8	82,8	83,6	84,5	85,5	86,3	87,3	88,2	89,1	90,0	90,9	91,8	92,7		11,0
1							77,4	78,3	79,4	80,3	81,1	82,0	82,8	83,7	84,8	85,6	86,5	87,6	88,3	89,2	90,1	90,9	91,9	1
2							76,8	77,6	78,6	79,5	80,4	81,2	82,1	82,9	83,9	84,9	85,7	86,9	87,5	88,4	89,3	90,2	91,1	2
3	10,3						76,1	77,1	77,9	78,8	79,6	80,5	81,4	82,1	83,2	84,1	85,0	85,8	86,7	87,3	88,5	89,4	90,3	3
4	90,3	10,4					75,4	76,4	77,2	78,1	78,9	79,7	80,8	81,6	82,4	83,3	84,1	85,0	86,0	86,8	87,7	88,6	89,4	4
5	89,6	90,4	10,5				75,7	76,4	77,4	78,3	79,0	80,0	81,0	81,7	82,6	83,5	84,3	85,2	86,1	87,0	87,8	88,7		5
6	88,8	89,7	90,5	10,6			75,0	75,8	76,6	77,6	78,5	79,3	80,2	80,9	81,8	82,8	83,6	84,5	85,4	86,1	87,1	87,9		6
7	88,0	88,9	89,7	90,6	10,7	10,8	10,0		75,3	76,0	76,9	77,8	78,6	79,5	80,3	81,2	82,0	82,9	83,8	84,6	85,4	86,2	87,2	7
8	87,3	88,1	89,0	89,8	90,6	91,5	92,4			75,4	76,3	77,1	77,9	78,8	79,4	80,5	81,3	82,2	83,0	84,0	84,8	85,6	86,4	8
9	86,5	87,3	88,2	89,1	89,9	90,8	91,6	11,0			75,6	76,5	77,2	78,1	79,0	79,9	80,7	81,5	82,3	83,1	84,1	84,9	85,7	9
12,0	85,8	86,7	87,4	88,3	89,2	90,0	90,8	91,7				75,8	76,7	77,4	78,3	79,2	79,9	80,8	81,7	82,4	83,3	84,1	85,0	12,0
1	85,1	86,0	86,7	87,6	88,5	89,2	90,0	90,9	11,1	11,2			76,1	76,8	77,7	78,5	79,3	80,1	81,0	81,8	82,6	83,5	84,2	1
2	84,3	85,2	86,0	86,9	87,7	88,4	89,3	90,2	91,1	91,8			75,4	76,3	77,0	77,9	78,6	79,4	80,3	81,1	82,0	82,8	83,5	2
3	83,6	84,5	85,4	86,1	87,0	87,8	88,5	89,4	90,2	91,1	11,3	11,4		75,6	76,4	77,2	78,0	78,8	79,7	80,5	81,2	82,1	82,9	3
4	83,1	83,9	84,7	85,4	86,3	87,0	87,9	88,7	89,5	90,3	91,1	91,9			75,7	76,5	77,4	78,3	79,0	79,8	80,6	81,4	82,3	4
5	82,4	83,1	84,0	84,8	85,5	86,4	87,2	87,9	88,8	89,6	90,4	91,2	11,5	11,6	75,2	75,9	76,8	77,6	78,3	79,2	80,0	80,7	81,6	5
6	81,7	82,5	83,3	84,1	84,9	85,7	86,5	87,3	88,1	88,9	89,7	90,5	91,3	92,1		75,4	76,2	77,0	77,8	78,5	79,4	80,2	80,9	6
7	81,1	81,9	82,6	83,5	84,2	85,0	85,8	86,6	87,4	88,2	89,0	89,8	90,6	91,3	11,7	11,8	75,6	76,4	77,1	77,9	78,4	79,5	80,3	7
8	80,5	81,2	82,1	82,8	83,6	84,3	85,1	86,0	86,7	87,5	88,3	89,1	90,0	90,6	91,4	92,2		75,8	76,6	77,5	78,1	78,9	79,7	8
9	79,8	80,6	81,4	82,1	82,9	83,7	84,5	85,3	86,1	86,8	87,6	88,4	89,2	89,9	90,7	91,5			76,1	76,7	77,5	78,3	79,0	9
13,0	79,2	80,0	80,8	81,5	82,3	83,0	83,8	84,6	85,4	86,1	86,9	87,7	88,4	89,2	90,0	90,8				76,2	76,9	77,7	78,5	13,0

Aräometers oder der Mohr-Westphal'schen Waage; die Säfte sind selbstverständlich vorher auf Normaltemperatur abzukühlen.

b) Der Zuckergehalt wird in der Regel nach der Maassmethode unter Zusatz von $1/10$ Volum Bleiessig unter Benutzung der Tabellen von Schmitz (s. pag. 42—49) bestimmt; ebenso geschieht die Ermittelung der Reinheitsquotienten in der früher angegebenen Art. Die vorstehende Tabelle ermöglicht es, ohne Rechnung aus den Graden Brix und dem entsprechenden Zuckergehalt die zugehörigen Quotienten abzulesen. Der Gebrauch derselben dürfte eine Erklärung nicht erfordern. (NB. Ausführliche Quotiententabelle von V. Petrucci-Namur 1891. Imp. Lambert-De-Roisin.)

c) Alkalität. Obwohl die Alkalität der saturirten Säfte nicht ausschliesslich von dem Kalkgehalt derselben herrührt, ist es in der Praxis dennoch üblich, die Alkalität stets als Aetzkalk (CaO) zu berechnen.

Der Grad der Alkalität wird gemessen, indem man eine bestimmte Menge des Saftes mit einer Säure von bestimmtem Titre bis zur neutralen Reaktion versetzt; aus dem Quantum der hierzu erforderlichen Säure lässt sich dann leicht der Gehalt an Aetzkalk berechnen. Man bedient sich zu diesem Zweck entweder der gewöhnlichen Normalsäure, d. h. einer Säure, welche je nach ihrer Basicität das ganze, halbe oder ein Drittel etc. des Molekulargewichts an wasserfreier Säure enthält, — oder einer empirischen Probesäure, welche direkt Hundertstel Procente CaO an der Bürette abzulesen gestattet. Da die Genauigkeit der Ablesungen mit dem Grade der Verdünnung der angewendeten Säure wächst, so ist es üblich, für die Alkalitätsbestimmungen nicht die $1/1$- sondern die Zehntel-Normalsäure anzuwenden. Ein Kubikcentimeter Zehntelnormalsäure entspricht bekanntlich 0,0028 g CaO. Der Bequemlichkeit wegen misst man von dem zu untersuchenden Saft ein bestimmtes Volum, z. B. 10 ccm ab, es ergeben sich daher in diesem Falle durch Multiplikation der verbrauchten ccm Säure mit dem Faktor $0{,}0028 \times 10$ (= 0,028) Volumprocente Kalk. Als Indikator bedient man sich vielfach wegen des deutlichen Farbenumschlages einer alkoholischen Lösung von Phenolphtaleïn oder Rosolsäure. Beim Phenolphtaleïn beobachtet man nach geschehener Neutralisation eine Veränderung der Farbe von roth in farblos, bei Rosolsäure von roth in gelb. Die Anwendung von Phenolphtaleïn als Indikator setzt voraus, dass in der zu titrirenden Flüssigkeit keine nennenswerthen Mengen von Karbonaten vorhanden sind. Degener schlägt speciell für den Gebrauch in Zuckerfabriken das Phenacetolin vor, welches sowohl kaustisches Alkali resp. Aetzkalk, wie auch deren Karbonate anzeigt. Der ursprüngliche Farbenton geht bei vollendeter Sättigung des Aetzalkalis in tiefroth über, während die Endreaktion durch Zersetzung auch der Karbonate sich durch eine goldgelbe Farbe bemerkbar macht. Für den Gebrauch des betreffenden Fabrikarbeiters, welchem das Titriren der Säfte obliegt, eignet sich am besten die oben erwähnte empirische Probesäure, von der bei Anwendung von 10 ccm

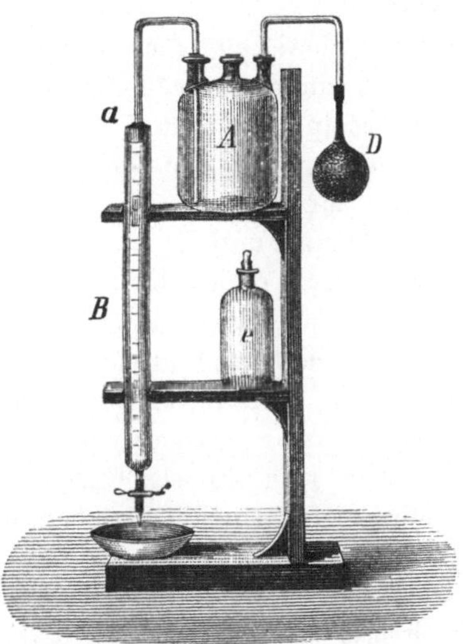

Fig. 16.

Saft 1 ccm = 0,01 Procent Kalk anzeigt. Man erhält solche Probesäure durch Verdünnen von 10 ccm $^1/_1$ Normalsäure mit 270 ccm Wasser. — Nach einem Vorschlage von G. Burkhard kann man auch bei Benutzung von $^1/_{10}$ Normalsäure direkt $^1/_{100}$ Procente Kalk an der Bürette ablesen, wenn man zu jedem Versuche die dem Molekulargewicht des Kalks entsprechende Menge Saft (28 ccm) anwendet.

Um bei den häufigen Titrationen das jedesmalige Auffüllen der Büretten zum Nullpunkt zu vereinfachen, sind verschiedene Titrirapparate angegeben worden, von denen sich die folgende Konstruktion G. Burkhard's gut bewährt hat. (S. Fig. 16.) Auf einem hölzernen Gestell befindet sich die Säurevorrathsflasche A, dieselbe ist dreifach tubulirt und durch das Heberrohr a mit der Bürette B, andererseits mit dem Druckballon D verbunden, während der dritte Tubus zum Einfüllen der Säure dient, sonst aber geschlossen ist.

Das Rohr a ragt gerade bis zum Nullpunkt in die Bürette hinein; es wird hierdurch eine automatische Einstellung des Nullpunktes bewirkt, indem nach geschehener Füllung der Bürette, sobald man den Druckballon loslässt, der Ueberschuss von Säure in die Vorrathsflasche zurückfliesst. Die Flasche C dient zur Aufbewahrung der Indikatorflüssigkeit.

Bestimmung des Kalkes nach Sidersky. Man pipettirt 50 ccm von dem Saft in einen 100 ccm-Kolben, versetzt mit einer Indikatorflüssigkeit (Phenolphtaleïn, Rosolsäure) und soviel Tropfen einer verdünnten Salzsäure, dass der Saft gerade neutrale Reaktion angenommen hat. Hierauf fügt man 20 ccm Normalsodalösung (53 g Na_2CO_3 im Liter) hinzu und kocht auf, wodurch der Kalk als Karbonat gefällt wird. Nach dem Abkühlen füllt man zu 100 ccm auf, filtrirt und versetzt vom Filtrat 50 ccm (entsprechend 25 ccm Saft und 10 ccm Normalsodalösung) in einer Erlenmeyer-Kochflasche mit 10 ccm Normalsalzsäure, worauf man zur Austreibung der Kohlensäure die Flüssigkeit bis zum Sieden erhitzt. Den Ueberschuss von Salzsäure im Filtrat titrirt man mittelst $^1/_{10}$ Normallauge zurück und erfährt dadurch indirekt die Anzahl Kubikcentimeter Normalsodalösung, welche zur Fällung des Kalkes verbraucht wurden. Multiplicirt man die verbrauchten Kubikcentimeter Zehntelnormallauge mit $0,0028$, so erhält man das Gewicht des Kalkes in 25 ccm Saft.

Hinreichend genaue Resultate erhält man auch, wenn man 10 ccm Saft mit 40 ccm destillirtem Wasser verdünnt und mit soviel titrirter Seifenlösung (Seifenlösung nach Clark, vgl. unter Wasseranalyse) unter Umschütteln versetzt, bis eine 5 Minuten stehende Schaumdecke entsteht. 45 ccm der Seifenlösung entsprechen $0,012$ g CaO in 100 ccm, jedoch sind die verbrauchten Kubikcentimeter der Kalkmenge nicht genau proportional, vielmehr muss die im Anhang angeführte Tabelle benutzt werden.

Siebentes Kapitel.

III. Untersuchung des Dicksaftes und der Füllmasse.

a) Dicksaft. Bei der polarimetrischen Zuckerbestimmung im Dicksaft kann man wegen des hohen Zuckergehaltes sich nicht der vorher beschriebenen Maassmethode bedienen; man wägt vielmehr in einem vorher tarirten 50 ccm-Kölbchen das halbe resp. ganze Normalgewicht des Saftes ab, was sich mit Hilfe einer Pipette ohne Schwierigkeit bewerkstelligen lässt, klärt mit einer der Qualität des Saftes entsprechenden Menge Bleiessig und füllt mit destillirtem Wasser zur Marke auf. Die abgelesenen Polarimetergrade geben bei Anwendung des halben Normalgewichtes direkt Gewichtsprocente Zucker an. Will man den Gebrauch der Waage vermeiden, so bringt man mittelst einer Pipette 25 ccm (oder 50) des Saftes in einen 100 ccm-Kolben, spült dieselbe mehrmals mit Wasser nach und füllt zu 100 ccm auf. Mit Hilfe des specifischen Gewichtes, welches man mit der Brixspindel ermittelt hat, berechnet man das Gewicht der angewendeten 25 ccm Saft und nach der beobachteten Rechtsdrehung den procentischen Zuckergehalt.

Z. B. Es sei das specifische Gewicht des Dicksaftes $= 1,2690$ $= 56,5^0$ Brix, so wiegen 25 ccm desselben $= 31,725$ g; die zu 100 ccm aufgefüllte Flüssigkeit zeigte eine Rechtsdrehung von $61,6^0$ $= 61,6 \times 0,26048$ g Zucker $= 16,045$ g. 100 g Saft enthalten daher

$$= \frac{16,045 \times 100}{31,725} \text{ g Zucker} = 50,57 \text{ Gewichtsprocent.}$$

Alkalität, specifisches Gewicht, Reinheitsquotient des Dicksaftes werden in derselben Weise bestimmt, wie beim Dünnsaft bezw. Rübenrohsaft. Um den Effekt der Saftreinigung genau feststellen zu können, empfiehlt es sich, bei der Berechnung der Reinheitsquotienten der Säfte, wenigstens ab und zu den wahren Gehalt an Trockensubstanz, wie er sich aus der Wasserbestimmung ergiebt, zu Grunde zu legen.

b) Füllmasse. Da aus dem Gewicht und dem Zuckergehalt der producirten Füllmasse sich die im Fabrikbetriebe erzielte Ausbeute bezw. der Totalverlust an Zucker ergiebt, so ist zunächst auf eine richtige Probenahme die grösste Sorgfalt zu verwenden. Falls es sich nicht durchführen lässt, die gesammten, zur Aufnahme der

Füllmasse dienenden Kästen zu wägen, so hat man darauf zu achten, dass dieselben wenigstens annähernd von gleicher Schwere und Inhalt sind und stets dieselbe Füllung erhalten. Man wägt dann eine nicht zu kleine Anzahl der leeren und gefüllten Kästen und legt das durchschnittliche Nettogewicht der Quantitätsberechnung zu Grunde. — Kann nicht von jedem einzelnen Sude eine Analyse ausgeführt werden, so wird von allen eine besondere Probe zurückgestellt, aus denen man sich am Ende der Woche ein Durchschnittsmuster für die Untersuchung bereitet. Um während der Aufbewahrung ein nachträgliches Verdunsten von Wasser zu vermeiden, müssen die Büchsen, in welchen die einzelnen Proben gesammelt werden, fest verschlossen sein und an einen Ort von mittlerer Temperatur gestellt werden; ebenso ist es zur Erzielung eines dem wirklichen Durchschnitt entsprechenden Musters erforderlich, die Masse behufs

Fig. 17.

Mischung sorgfältig durchzukneten und etwaige Klümpchen gehörig zu zerdrücken. Mit der so vorbereiteten Füllmasse sind folgende Bestimmungen vorzunehmen:

1. **Feststellung des Zuckergehalts.** In einer tarirten Neusilberschale von oben bezeichneter Form wägt man das Normalgewicht von der Füllmasse ab (Gewichte von 26,048, 13,024 und 52,1 g werden in der Regel vorräthig gehalten), übergiesst mit heissem Wasser und rührt mit einem Glasstabe die Masse so lange durch, bis fast Alles gelöst ist, giesst die überstehende Lösung am Glasstabe durch einen Neusilbertrichter in einen 100 ccm-Kolben und bringt die letzten noch in der Schale vorhandenen Partikelchen mit wenig heissem Wasser ebenfalls in Lösung. Nach mehrmaligem Ausspülen der Schale versetzt man die in dem Kölbchen vereinigte Flüssigkeit mit der nöthigen Menge Bleiessig, kühlt auf Normaltemperatur ab und füllt zur Marke auf; nachdem man kräftig durchgeschüttelt hat, filtrirt man durch ein trockenes Filter und polarisirt im 200 mm-Rohr, wobei die abgelesenen Grade Gewichtsprocent Zucker entsprechen.

2. **Wasserbestimmung.** Wegen ihrer zähen Konsistenz sind die Füllmassen auf dem gewöhnlichen Wege in flachen Trockenschälchen kaum vollständig auszutrocknen; man mischt dieselben aus diesem Grunde mit einer gewogenen Menge getrockneten Quarzsandes, verreibt die Masse in einem Filtertrockengläschen mittelst eines ebenfalls gewogenen Glasstäbchens und trocknet anfangs bei ca. 80° unter allmählicher Steigerung der Temperatur auf 100° C. bis zum constanten Gewicht.

Beispiel: Trockenglas + Sand + Glasstab .   = 42,1142 g
Trockenglas + Sand + Glasstab + Füllmasse = 47,6827 g

Angewendete Füllmasse . . . . =   5,5685 g
Gewicht nach dem Trocknen . . . . . = 47,3252 g
Folglich Gewicht des Wassers . . . . =   0,3575 g
  =   6,42 Proc.

Das Austrocknen der Füllmasse kann wesentlich beschleunigt werden, wenn man diese Manipulation im luftverdünnten Raum ausführt; zur Nothwendigkeit wird diese in allen Fällen empfehlenswerthe Arbeitsweise, sobald stark invertzuckerhaltige Produkte vorliegen. Von den hierzu konstruirten Trockenapparaten sollen diejenigen von Sidersky und Kasalovsky beschrieben werden.

Der Apparat von Sidersky (Fig. 18) zum Austrocknen von Substanzen im luftverdünnten Raum besteht aus einem Metallcylinder A mit doppelten Wänden, welcher seitlich durch eine aus starkem Glase hergestellte Thür B mit Gummidichtung luftdicht verschlossen werden kann. Der Boden des inneren Gefässes ist eben, während der äussere Mantel sich nach unten konisch verengt und an seinem oberen, ebenfalls zugespitzten Theil eine Oeffnung v trägt, die zum Einfüllen von Wasser in den äusseren Mantel dient. In v ist ein durchbohrter Gummistopfen angebracht, in welchem sich ein ca. 4 dm langes Glasrohr befindet. Die aus dem Apparat aufsteigenden Wasserdämpfe werden durch diese Vorrichtung zum grossen Theil kondensirt. Aus dem eigentlichen Trockenraum A führen zwei Oeffnungen durch das Dach des Apparates; p steht mit der Luftpumpe in Verbindung, während durch t ein Thermometer eingeführt werden kann. Der durch einen Hahn verschliessbare Tubus r dient dazu, um trockene Luft durch den Chlorcalciumthurm g in A eintreten zu lassen.

Der Trockenschrank von **Kasalovsky***) ist für **Dampfheizung** konstruirt; er besteht aus dem doppelwandigen Cylinder **A**, welcher an der vorderen Stirnseite durch die luftdicht aufgeschliffene, mit einem starken Glaseinsatz versehene Platte v verschlossen wird. Der Dampf tritt durch das Rohr d_1 in den Mantelraum ein und verlässt den Apparat durch d_2, seine Spannung kann an dem Mano-

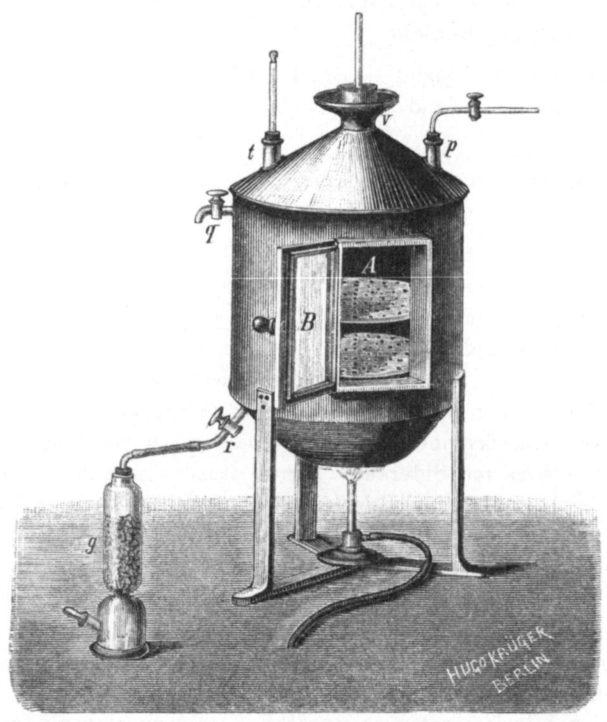

Fig. 18.

meter m abgelesen werden. Die Entluftung des inneren Raumes A, dessen Wandungen behufs grösserer Widerstandsfähigkeit gegen Druck aus starkem Wellblech hergestellt sind, geschieht durch das Rohr l, während der Stutzen a die Zuführung von trockener Luft vermittelt; letzterer bleibt jedoch während des Trocknens geschlossen. Das sich in dem Heizraum ansammelnde Kondenswasser, dessen

---

*) Bezugsquelle: Stefan Baumann in Wien, Floriangasse 11.

Stand an dem Wasserstandsglase ersehen wird, kann aus dem Hahne b abgelassen werden. Um die Wärmeausstrahlung möglichst zu verhindern, ist die Aussenseite von A mit Asbestpappe verkleidet.

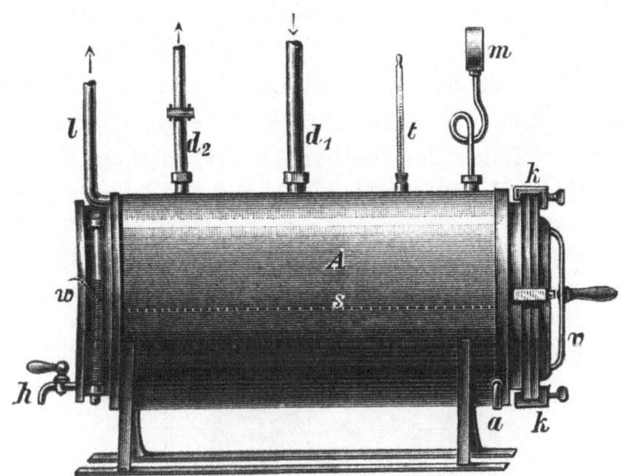

Fig. 19.

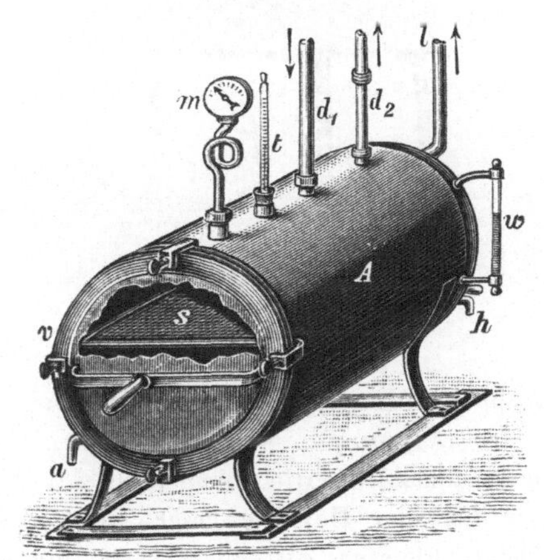

Fig. 20.

In Ermangelung dieser Apparate kann man sich selbst mit den gewöhnlichen, im Laboratorium zur Verfügung stehenden Hilfsmitteln für den gleichen Zweck einen solchen nach den Angaben von H. Winter zusammenstellen. (Ver. Ztschr. 1887.) Ein dickwandiger, geräumiger Kolben A, dessen Hals eine Weite von ca. 6 cm hat, ist vermittelst Stativs s in dem Wasserbad B aufgehängt; der dreifach durchbohrte Gummistopfen trägt luftdicht schliessend das Thermometer t, ein mit Glashahn versehenes Rohr c, sowie einen Glasstab d, dessen unteres Ende zu einem Haken umgebogen ist.

Zur Ausführung der Wasserbestimmung mischt man eine gewogene Menge Füllmasse in einem Filtertrockengläschen mit trockenem Quarzsand und hängt das Gefäss mit einer Drahtschlinge an dem Haken d auf. Um das beim Trocknen entweichende Wasser zu binden, wird der Boden des Kolbens A mit frischem Phosphorsäureanhydrid bedeckt. Man verbindet nun das Rohr c mit einem Chlor-

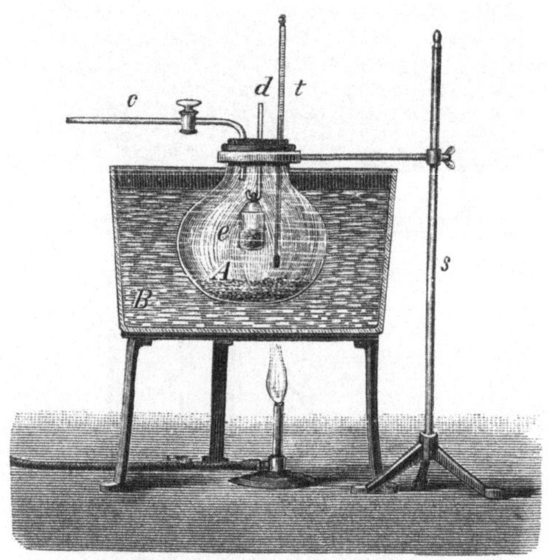

Fig. 21.

calcium-Trockenapparat, den letzteren mit einer Wulff'schen Flasche und diese mit der Luftpumpe. Hierauf evakuirt man möglichst stark und steigert allmählich die Temperatur des Wasserbades bis auf ca. 80° C., worauf der Hahn c geschlossen wird und man bei entsprechend kleiner Flamme die angegebene Temperatur innehält. Nach jedesmaliger Wägung des Trockengläschens ist der Kolben natürlich von Neuem zu evakuiren.

3. Berechnung des Reinheitsquotienten Q (wahrer Reinheitsquotient $= \dfrac{100\,Z}{Tr}$, worin Z den Zuckergehalt in Gewichtsprocenten, und Tr die Trockensubstanz auf 100 Theile bedeutet).

4. **Nichtzucker.** Der Nichtzuckergehalt ergiebt sich aus der Differenz der Trockensubstanz und des Zuckergehaltes. Soll der organische Nichtzucker besonders bestimmt werden, so ist es nöthig, eine Aschenbestimmung vorzunehmen. Es stellt dann der Gesammtnichtzucker, vermindert um den Aschengehalt, den organischen Nichtzucker dar.

5. **Aschengehalt.** Wollte man durch einfaches Verkohlen einer gewogenen Menge Füllmasse und Verbrennen des Kohlerückstandes den Aschengehalt bestimmen, so würde man zu fehlerhaften Resultaten gelangen, da einerseits in der Glühhitze die vorhandenen Alkalikarbonate schmelzen und dabei Kohlepartikel einschliessen, welche sie vor weiterer Verbrennung schützen, andererseits die Alkalichloride sich zum Theil verflüchtigen.

Um den Gehalt an Mineralsubstanz wissenschaftlich genau zu bestimmen, wäre es erforderlich, eine gewogene Menge Füllmasse zu

Fig. 22.

verkohlen, den Rückstand mit heissem Wasser vollständig zu extrahiren und erst dann die Kohle für sich zu veraschen. Das Filtrat wird in einer Platinschale zur Trockne verdampft und der Rückstand gelinde geglüht. Die Summe der löslichen und unlöslichen Bestandtheile ergiebt den Aschengehalt.

Da diese Methode für die Praxis viel zu zeitraubend ist, hat Scheibler ein kürzeres Verfahren der Aschenbestimmung angegeben, das zwar empirisch, aber dennoch sehr brauchbare Resultate liefert. In eine gewogene Platinschale von nebenstehender Form (ca. 20 ccm Inhalt) bringt man 3 g der Füllmasse, durchfeuchtet dieselbe mit einigen Tropfen koncentrirter Schwefelsäure und erhitzt vorsichtig, so dass die sich aufblähende Masse nicht übersteigt. Nachdem dieselbe vollständig verkohlt, setzt man zur vollständigen Verbrennung das Schälchen in eine Platinmuffel, welche etwas schräg gestellt ist, um einen lebhaften Luftzutritt zu ermöglichen. (In Ermangelung

5*

einer Platinmuffel genügt auch eine solche von Thon mit untergelegtem Platinblech.) Da die sämmtlichen Salze durch die Schwefelsäure in Sulfate übergeführt sind, kann man nunmehr zur starken Rothgluth erhitzen, ohne eine Verflüchtigung der Alkalien befürchten zu müssen. Nachdem die Asche ein vollkommen weisses oder schwach röthliches und lockeres Aussehen angenommen hat, lässt man im Exsikkator erkalten und wägt. Durch eine grosse Reihe von Versuchen hat Scheibler gefunden, dass man aus dem Gewicht der Sulfatasche mit genügender Genauigkeit die entsprechende Menge der Karbonate ermitteln kann, wenn man von dem Gewicht der schwefelsauren Salze $1/_{10}$ des Betrages abzieht.

Achtes Kapitel.

Untersuchung des Rohzuckers.

Die Untersuchung des Rohzuckers erstreckt sich auf Feststellung des Gehalts an Zucker, Wasser, Asche, Nichtzucker, Invertzucker, des Rendements und der Farbe.

1. Zuckergehalt. Man wägt auf einer guten Waage, welche ein Milligramm sicher anzeigt, das Normalgewicht von dem gut durchgemischten Zucker in der schon erwähnten Scheibler'schen Neusilberschale ab und bringt den Zucker mit Hilfe des Neusilbertrichters ohne Verlust in ein 100 ccm-Kölbchen, löst unter öfterem Umschwenken in ca. 75 ccm Wasser und versetzt mit der nöthigen Menge Bleiessig. Bei ersten Produkten bedarf man zur Klärung nur weniger Tropfen, während man bei Nachprodukten soviel davon zugiebt, bis nach dem Absetzen des Niederschlages auf Zusatz eines weiteren Tropfens keine Trübung mehr erfolgt.

Auf alle Fälle ist ein Ueberschuss von Bleiessig zu vermeiden, da dieser die Polarisation merklich beeinflusst und auch das Filtrat bei längerem Stehen an der Luft sich durch Bildung von Bleikarbonat trübt. Ist die zu klärende Zuckerlösung weniger gefärbt, sondern nur trübe, so empfiehlt sich nach Scheibler's Vorschlag ein Zusatz weniger Kubikcentimeter breiförmigen Thonerdehydrats. Die Anwendung von Tannin (Gerbsäure) ist nur mit der Vorsicht statthaft, dass man ein thatsächlich optisch inaktives Präparat besitzt.

Die geklärte Zuckerlösung, welche Normaltemperatur haben muss, füllt man zur Marke auf, schüttelt um, filtrirt durch ein trockenes Filter am besten in einen kleinen Standcylinder von ca. 10 cm Höhe und 3—4 cm Weite. Aus dem Mittel mehrerer Ablesungen erfährt man direkt den procentischen Zuckergehalt. Zur grösseren Sicherheit führt man öfters die von Scheibler empfohlene „Hundertpolarisation" aus, d. h. man berechnet sich aus der Polarisation des Normalgewichts Zucker, wieviel von demselben angewendet werden muss, um in 100 ccm Lösung gerade 100° zu polarisiren.

Scheibler's Tabelle für die Hundert-Polarisation.

Abgelesene Grade	Statt 13,024 g sind zu nehmen		Abgelesene Grade	Statt 13,024 g sind zu nehmen		Abgelesene Grade	Statt 13,024 g sind zu nehmen	
	Gramme	Gramme mehr		Gramme	Gramme mehr		Gramme	Gramme mehr
82,0	15,883	2,859	85,0	15,322	2,298	88,0	14,800	1,776
1	864	840	1	304	280	1	783	759
2	844	820	2	286	262	2	766	742
3	825	801	3	268	244	3	750	726
4	806	782	4	251	227	4	733	709
5	778	763	5	233	209	5	717	693
6	768	744	6	215	191	6	700	676
7	748	724	7	197	173	7	683	659
8	729	705	8	179	155	8	667	643
9	710	686	9	162	138	9	650	626
83,0	692	668	86,0	144	120	89,0	634	610
1	673	649	1	127	103	1	617	593
2	654	630	2	109	085	2	601	577
3	635	611	3	092	068	3	585	561
4	616	592	4	074	050	4	568	544
5	598	574	5	057	033	5	552	528
6	579	555	6	039	015	6	536	512
7	560	536	7	022	1,998	7	520	496
8	542	518	8	005	981	8	503	479
9	523	499	9	14,987	963	9	487	463
84,0	505	481	87,0	970	946	90,0	471	447
1	486	462	1	953	929	1	455	431
2	468	444	2	936	912	2	439	415
3	450	426	3	919	895	3	423	399
4	431	407	4	902	878	4	407	383
5	413	389	5	885	861	5	391	367
6	395	371	6	868	844	6	375	351
7	377	353	7	851	827	7	359	335
8	358	334	8	834	810	8	344	320
9	340	316	9	817	793	9	328	304

Abgelesene Grade	Statt 13,024 g sind zu nehmen		Abgelesene Grade	Statt 13,024 g sind zu nehmen		Abgelesene Grade	Statt 13,024 g sind zu nehmen	
	Gramme	Gramme mehr		Gramme	Gramme mehr		Gramme	Gramme mehr
91,0	14,312	1,288	94,0	13,855	0,831	97,0	13,427	0,403
1	296	272	1	841	817	1	413	389
2	281	257	2	826	802	2	399	375
3	265	241	3	811	787	3	385	361
4	249	225	4	797	773	4	372	348
5	234	210	5	782	758	5	358	334
6	218	194	6	767	743	6	344	320
7	203	179	7	753	729	7	331	307
8	187	163	8	738	714	8	317	293
9	172	148	9	724	700	9	303	279
92,0	157	133	95,0	710	686	98,0	290	266
1	141	117	1	695	671	1	276	252
2	126	102	2	681	657	2	263	239
3	111	087	3	666	642	3	249	225
4	095	071	4	652	628	4	236	212
5	080	056	5	638	614	5	222	198
6	065	041	6	623	599	6	209	185
7	050	026	7	609	585	7	196	172
8	034	010	8	595	571	8	182	158
9	019	0,995	9	581	557	9	169	145
93,0	004	980	96,0	567	543	99,0	156	132
1	13,989	965	1	553	529	1	142	118
2	974	950	2	538	514	2	129	105
3	959	935	3	524	500	3	116	092
4	944	920	4	510	486	4	103	079
5	929	905	5	496	472	5	089	065
6	915	891	6	482	458	6	076	052
7	900	876	7	468	444	7	063	039
8	885	861	8	455	431	8	050	026
9	870	846	9	441	417	9	037	013
						100,0	024	000

Z. B. Polarisation = 96,2 Procent. Es wären dann nach der Proportion: 96,2 : 26,048 = 100 : x 27,077 g in 100 ccm zu lösen. Um diese jedesmalige Rechnung zu vermeiden, hat Scheibler die folgende Tabelle aufgestellt, aus welcher man direkt die an Stelle des Normalgewichtes anzuwendende Menge Rohzucker ablesen kann. Eine etwaige Abweichung des so erhaltenen Resultates von der direkten Polarisation wird meist auf die Anwesenheit anderer optisch aktiver Stoffe neben Rohrzucker, Invertzucker, Raffinose zurückzuführen sein; in solchen Fällen gelangt man zu einem richtigen Werthe durch Ausführung der Clerget'schen Inversionspolarisation.

2. Untersuchung des Zuckers auf Raffinose. Da mit ziemlicher Sicherheit festgestellt ist, dass die Raffinose nicht erst aus dem Rohzucker im Laufe der Fabrikation entsteht, sondern bereits fertig gebildet in der Rübe vorkommt, so ist auch bei allen Produkten die Anwesenheit derselben nicht ausgeschlossen.

Die Annahme, dass die Raffinose dem Rohzucker stets eine eigenthümliche Krystallform ertheilt und ein solcher spitz krystallisirter Zucker von vornherein als raffinosehaltig zu betrachten sei, trifft nicht jedes Mal zu, jedoch ist es wegen ihrer Löslichkeit wahrscheinlich, dass die Raffinose vorzugsweise in den Nachprodukten und speciell in der Melasse zu suchen ist.

Es sind drei Methoden angegeben worden, um den Gehalt an Raffinose neben Rohzucker quantitativ zu bestimmen:

1. die sogenannte Schleimsäure-Methode nach Tollens,

2. die Extraktions-Methode von Scheibler, nach welcher man die Raffinose durch Methylalkohol (mit Zucker gesättigt) extrahirt,

3. die Inversions-Methode nach Clerget-Herzfeld.

Von diesen hat sich nur die letzte in die Praxis einzuführen vermocht, trotzdem sie eine indirekte ist und eine peinliche Beobachtung der Arbeitsweise, sowie den Gebrauch absolut genauer Apparate erfordert. Die Bestimmung wird in der Weise ausgeführt, dass das halbe Normalgewicht (13,024 g) abgewogen und unter Zusatz von 75 ccm Wasser im 100 ccm-Kölbchen gelöst wird. Darauf fügt man unter Umschütteln 5 ccm rauchende Salzsäure von 38 Procent H Cl hinzu und bringt den Kolben, in welchen man ein genau getheiltes Thermometer einführt, in ein vorher auf 72—73⁰ C. erwärmtes Wasserbad. Sobald der Inhalt des Kolbens eine Temperatur von 67—70⁰ C. angenommen hat (was in der Regel nach 3 Minuten der Fall ist), hält man unter beständigem Umschwenken des Kolbens 5 Minuten die angegebene Temperatur inne, kühlt darauf möglichst rasch ab und füllt zur Marke auf. Nach Bedarf, d. h. wenn stark gefärbte Produkte vorliegen, versetzt man mit einer entsprechenden Menge gepulverter Knochenkohle, deren Absorptionsvermögen gegen chemisch reinen Zucker unter den gleichen Versuchsbedingungen vorher festgestellt ist, und schüttelt einige Minuten damit um. Die Kohle muss für diesen Zweck mit Salzsäure extrahirt und geglüht sein.

Die Polarisation der salzsauren filtrirten Lösung wird genau bei 20° C. und in 200 mm-Beobachtungsröhren ausgeführt, die entweder aus Glas hergestellt oder inwendig vergoldet sind; dieselben sind ausserdem mit einem Mantel versehen, der den Ab- und Zufluss von Kühlwasser gestattet, und tragen in der Mitte ein Ansatzrohr, durch welches ein kleines Thermometer in das Innere gebracht werden kann. Sobald die Lösung genau auf 20° C. abgekühlt ist, liest man die Linksdrehung ab und stellt dabei event. den Korrektionsfaktor für die angewendete Menge Entfärbungskohle in Rechnung.

Die Berechnung des Resultates geschieht nach folgenden Formeln:

$$Z = \frac{0,5124\,P - J}{0,8390}$$

und

$$R = \frac{P - J}{1,852}.$$

Es bedeutet hierin:

Z den wahren Zuckergehalt,

P die direkte Polarisation,

J die Linksdrehung für das ganze Normalgewicht (NB. negativer Werth!),

R den Gehalt an wasserfreier Raffinose.

Da die eben beschriebene Methode eine indirekte ist, so ist es stets schwierig zu entscheiden, wenn nach der obigen Formel sich nur ein geringer Raffinosegehalt ergiebt, ob wirklich solche vorhanden oder die Differenz mit der direkten Polarisation nur auf Beobachtungsfehler etc. zurückzuführen ist. In solchen Fällen bedient man sich vortheilhaft zur Kontrole einer der unten beschriebenen Methoden.

Die erste von Scheibler angegebene geht von der Erfahrung aus, dass in der Handelswaare die Menge des organischen Nichtzuckers dem Aschengehalt mindestens gleich, in der Regel aber grösser ist. Ist der Gehalt an organischem Nichtzucker ein erheblicher, so kann erklärlicher Weise die Methode keinen Anspruch auf Genauigkeit machen. Man bestimmt die direkte Polarisation des Zuckers, Wasser, Salzgehalt, setzt den organischen Nichtzucker gleich den Salzen und bildet hiervon die Summe. Ist wirklich Raffinose in nennenswerther Menge vorhanden, so ist diese Summe stets grösser als 100.

Beträgt die Summe unter 100, so ist die nachstehende Rechnungsmethode, um den Minimalgehalt an Raffinose zu bestimmen, nicht anwendbar. Die Berechnung geschieht auf folgende Art: Der Procentgehalt von Wasser und doppelter Asche wird von 100 abgezogen, die Differenz giebt dann den Gehalt an Zucker und wasserfreier Raffinose an ($= a$). Bezeichnet man die Polarisation mit p, den vorhandenen Zucker mit x, den Gehalt an Raffinose mit y, so ist:

$$\text{I.} \quad x + 1,85\,y = p$$

(Das Drehungsvermögen der Raffinose ist 1,85 mal stärker als das des Zuckers.)

$$\text{II.} \quad x + y = a.$$

Für x und y ergeben sich hiernach die Werthe:

$$x = \frac{1,85\,a - p}{0,85}$$

$$y = a - \frac{1,85\,a - p}{0,85}.$$

Eine zweite Methode, um das durch die Inversionspolarisation erhaltene Resultat zu kontroliren, beruht darauf, dass man in einem aliquoten Theil der invertirten, neutralen Zuckerlösung das Reduktionsvermögen gegen Fehling'sche Lösung bei 3 Min. Kochdauer bestimmt und nach den Werthen der Inversionspolarisation auf Grund der Tabellen von Preuss berechnet, wieviel Kupfer den vorhandenen Mengen Saccharose und Raffinose entspricht. Etwa schon in der ursprünglichen Substanz enthaltener Invertzucker wird hierbei in Rohrzucker umgerechnet (durch Multiplikation mit 0,95). Man verfährt zweckmässig auf die folgende Art.

50 ccm des Filtrates, welches zur Clerget'schen Inversionspolarisation diente, werden zum Liter verdünnt, davon 25 ccm $= 0,1628$ g Substanz mit kohlensaurem Natron neutralisirt (durch 25 ccm einer Lösung, welche 1,70 g Na_2CO_3 im Liter enthält) und mit 50 ccm Fehling'scher Lösung 3 Minuten im Kochen erhalten. Nach Ablauf der 3 Minuten wird mit 100 ccm luftfreiem, kaltem Wasser verdünnt, das abgeschiedene Kupferoxydul auf einem Asbestfilter gesammelt und in derselben Weise, wie bei der Invertzuckerbestimmung angegeben ist, reducirt und zur Wägung gebracht.

Tabelle zur Berechnung des dem vorhandenen Invertzucker
entsprechenden Rohrzuckergehalts aus der gefundenen Kupfermenge bei 3 Minuten Kochdauer.

Rohrzucker mg	Kupfer mg	Rohrzucker mg	Kupfer mg	Rohrzucker mg	Kupfer mg	Rohrzucker mg	Kupfer mg
40	79,0	73	145,2	106	208,6	139	269,1
41	81,0	74	147,1	107	210,6	140	270,9
42	83,0	75	149,1	108	212,3	141	272,7
43	85,2	76	151,0	109	214,2	142	274,5
44	87,2	77	153,0	110	216,1	143	276,3
45	89,2	78	155,0	111	217,9	144	278,1
46	91,2	79	156,9	112	219,8	145	279,9
47	93,3	80	158,9	113	221,6	146	281,6
48	95,3	81	160,8	114	223,5	147	283,4
49	97,3	82	162,8	115	225,3	148	285,2
50	99,3	83	164,7	116	227,2	149	286,9
51	101,3	84	166,6	117	229,0	150	288,8
52	103,3	85	168,6	118	230,9	151	290,5
53	105,3	86	170,5	119	232,8	152	292,3
54	107,3	87	172,4	120	234,6	153	294,0
55	109,4	88	174,3	121	236,4	154	295,7
56	111,4	89	176,3	122	238,3	155	297,5
57	113,4	90	178,2	123	240,2	156	299,2
58	115,4	91	180,1	124	242,0	157	300,9
59	117,4	92	182,0	125	244,0	158	302,6
60	119,5	93	183,9	126	245,7	159	304,4
61	121,5	94	185,8	127	247,5	160	306,1
62	123,5	95	187,8	128	249,3	161	307,8
63	125,4	96	189,7	129	251,2	162	309,5
64	127,4	97	191,6	130	252,9	163	311,3
65	129,4	98	193,5	131	254,7	164	313,0
66	131,4	99	195,4	132	256,5	165	314,7
67	133,4	100	197,3	133	258,3	166	316,4
68	135,3	101	199,2	134	260,1	167	318,1
69	137,3	102	201,1	135	261,9	168	319,9
70	139,3	103	202,9	136	263,7	169	321,6
71	141,3	104	204,8	137	265,5	170	323,3
72	143,2	105	207,7	138	267,3		

Tabelle für das Reduktionsvermögen der invertirten Raffinose
bei 3 Minuten Kochdauer.

mg R.	mg Cu	mg R.	mg Cu	mg R.	mg Cu	mg R.	mg Cu	mg R.	mg Cu
10	19,2	60	87,5	110	156,1	160	224,9	210	294,0
20	32,8	70	101,2	120	169,8	170	238,7	220	307,9
30	46,4	80	114,9	130	183,6	180	252,3	230	321,7
40	60,1	90	128,6	140	197,3	190	266,1	240	335,6
50	73,8	100	141,3	150	211,1	200	280,2	250	349,4

Beispiel: Ein Rohzucker, nach der Raffinoseformel untersucht, ergab einen

Zuckergehalt von 89,86 Procent und
Raffinose = 4,80 -

Invertzucker war nicht vorhanden.

Zur Reduktion angewendete Substanz = 0,1628 g, hierin sind nach dem obigen Verhältniss enthalten:

146,3 mg Rohrzucker,
7,8 - Raffinose.

Nach den Tabellen entsprechen

146,3 mg Rohrzucker = 282,1 mg Cu
7,8 - Raffinose = 16,4 - Cu.

Es mussten also, wenn die Resultate der Raffinoseformel richtig sind, erhalten werden 298,5 mg Cu; der Versuch ergab 296,7 mg Cu.

3. Wasserbestimmung. Man wägt von dem zu untersuchenden Rohzucker in einer flachen Schale am besten 10 g ab, die man vortheilhaft mit etwas absolutem Alkohol durchfeuchtet und trocknet im Wasserbadtrockenschrank oder in einem mit Thermoregulator versehenen Luftbad bis zum konstanten Gewicht. Für stark invertzuckerhaltige Produkte gilt dasselbe, was gelegentlich der Untersuchung von Füllmassen bemerkt worden ist.

4. Aschen- und Salzgehalt. Man unterscheidet bei der Aschenbestimmung im Rohzucker zwischen „Asche" und „Salzen". Da als Melassebildner nur die letzteren betrachtet werden können, so wäre es ungerechtfertigt, bei der Bestimmung des Raffinationswerthes den gesammten Aschengehalt in Rechnung zu stellen, d. h. mit 5 multiplicirt von der Polarisation in Abzug zu bringen; es können vielmehr die mechanischen Verunreinigungen nur ihrem wahren Gewicht nach davon subtrahirt werden. Von einem nicht klar löslichen Zucker verwendet man daher nicht diesen selbst zu Veraschung mit Schwefelsäure, sondern nimmt vom Filtrat eine entsprechende Menge, die man in einer Platinschale auf dem Wasserbade zur Trockne verdampft. Den Rückstand behandelt man in derselben Weise, wie dies unter Füllmasse beschrieben ist.

5. Invertzucker. a) Qualitativ: Eine mit Bleiessig geklärte und darauf mit schwefelsaurem Natron entbleite Lösung von ca. 5 g Zucker wird 5 Minuten mit 50—75 ccm Soldaïni'scher Kupferlösung gekocht; findet dabei eine deutliche Abscheidung von Kupferoxydul statt, so ist der Zucker als invertzuckerhaltig zu betrachten.

Die Soldaïni'sche Lösung wird erhalten, indem man zu einer Auflösung von 594 g Kaliumbikarbonat in 1700 ccm Wasser 15,8 g Kupfervitriol fügt, die dadurch entstandene azurblaue Flüssigkeit erwärmt man eine Stunde auf dem Wasserbade und füllt nach dem Erkalten zu 2 Liter auf.

b) Quantitativ. Die quantitative Bestimmung des Invertzuckers neben Rohrzucker geschieht gewichtsanalytisch mittelst Fehling'scher Lösung. Man bereitet die Fehling'sche Lösung nach Soxhlet's Vorschrift, indem einerseits 34,639 g Kupfervitriol (wiederholt aus verdünnter Salpetersäure und Wasser umkrystallisirt) in 500 ccm Wasser gelöst werden; andererseits fügt man zu einer Lösung von 173 g Seignettesalz in 400 ccm Wasser 100 ccm einer Natronlauge, die 500 g Natriumhydrat im Liter enthält. Durch Mischen gleicher Volume dieser beiden Lösungen erhält man die tiefblaue Reduktionsflüssigkeit.

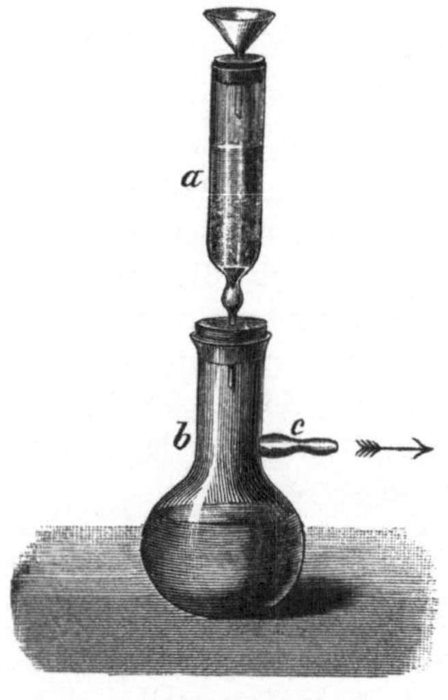

Fig. 23.

Obgleich Rohrzucker für sich die Fehling'sche Lösung nicht reducirt, so ist seine Anwesenheit doch insofern störend, als er durch längeres Kochen mit der stark alkalischen Flüssigkeit theilweise invertirt wird und dann natürlich die Menge des ausgeschiedenen Kupferoxyduls vermehrt. Da ferner der Kupfergehalt, der Alkalitätsgrad der Fehling'schen Lösung, sowie die Art und Dauer des Erhitzens von Einfluss auf die Reduktion sind, so ist es unbedingt erforderlich, bei dieser Art der Invertzuckerbestimmung unter ganz bestimmten Verhältnissen zu arbeiten, wie sie von Herzfeld angegeben sind. Zu jeder Invertzuckerbestimmung sind 10 g Substanz anzuwenden, und zwar müssen aus der Zuckerlösung zuvor alle durch Bleiessig fällbaren Nichtzuckerstoffe entfernt sein. Man löst 25 g Zucker im 100 ccm-Kölbchen unter Zusatz von Bleiessig, fällt in 60 ccm des Filtrates das Blei durch Natriumsulfat aus, füllt zu **75** ccm auf und verwendet vom Filtrat 50 ccm zur Reduktion Die Arbeitsweise bei der Invertzuckerbestimmung ist die folgende:

Es werden 50 ccm der gemischten Fehling'schen Lösung in einer Erlenmeyer'schen Kochflasche von 250 ccm Inhalt auf einem Drahtnetz, das mit einer kreisförmig ausgeschnittenen Asbestpappe bedeckt ist, schnell zum Sieden erhitzt, hierauf die abgemessene Menge der entbleiten Zuckerlösung hinzugefügt und die Flüssigkeit vom beginnenden Sieden an zwei Minuten lang darin erhalten. Die Zeit wird von dem Moment an gerechnet, wo Blasenbildung auf der ganzen

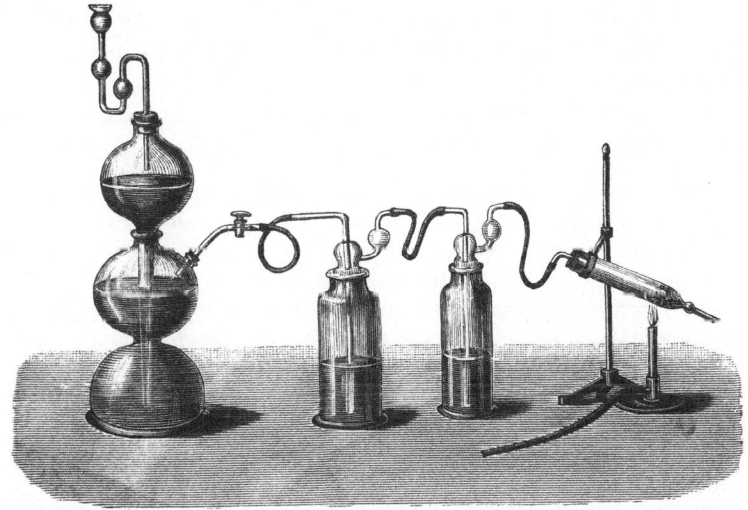

Fig. 24.

Bodenfläche beobachtet wurde. Darauf kühlt man schnell durch Eingiessen von ca. 100 ccm ausgekochtem Wasser ab und filtrirt durch ein Soxhlet'sches Asbestfilter oder ein quantitatives Papierfilter von bekanntem Aschengehalt. Die Konstruktion der Soxhlet'schen Filtrirröhrchen ist aus Figur 23 ersichtlich. Aus schwer schmelzbarem Glase hergestellt, ist der untere Theil des Rohres a ausgezogen und ragt mit der Spitze in die durch einen Gummistopfen verschlossene Filtrirflasche b, welche durch das seitliche Ansatzrohr c mit einer Wasserstrahlluftpumpe in Verbindung steht. Damit von dem langfaserigen Asbest nichts in die Saugflasche mitgerissen wird, befindet sich in der Einschnürung des

Rohres a ein feindurchlöcherter Platinkonus. Sobald das Kupferoxydul vollständig auf das Filter gespült ist, wäscht man mit heissem Wasser so lange aus, bis das ablaufende Filtrat keine alkalische Reaktion mehr zeigt und deckt schliesslich mit etwas Alkohol und Aether. Das getrocknete Asbestfilter wird nun an einem Wasserstoffentwicklungsapparat angeschlossen und das Kupferoxydul mit kleiner Flamme im Wasserstoffstrom so lange erhitzt, bis die Reduktion eine vollständige ist. Nachdem das Rohr dann im Wasserstoffstrom erkaltet ist, bringt man es an einer Kupferdrahtschlinge befestigt zur Wägung.

Falls ein Papierfilter benutzt wird, führt man die Reduktion im Rose'schen Porzellantiegel aus, dessen Konstruktion als bekannt vorausgesetzt werden darf.

Aus der Menge des metallischen Kupfers ergiebt sich der Invertzuckergehalt nach folgender Tabelle von Preuss:

Tabelle zur Ermittelung des Invertzuckergehalts für Fehling'sche Lösung bei Anwesenheit von Rohrzucker und Anwendung von 10 g Substanz.
(Kochdauer 2 Minuten.)

mg Cu	mg Invertzucker	mg Cu	mg Invertzucker	mg Cu	mg Invertzucker	mg Cu	mg Invertzucker
44,0	10	129,2	52,5	210,3	95	352,5	175
49,1	12,5	134,1	55	214,9	97,5	360,8	180
54,2	15	138,9	57,5	219,5	100	369,1	185
59,3	17,5	143,6	60	228,7	105	377,4	190
63,4	20	148,5	62,5	237,8	110	385,7	195
69,4	22,5	153,4	65	247,0	115	393,9	200
74,5	25	158,2	67,5	256,1	120	402,0	205
79,5	27,5	163,0	70	265,2	125	410,1	210
84,5	30	167,8	72,5	274,0	130	418,2	215
89,5	32,5	172,5	75	282,8	135	426,2	220
94,5	35	177,3	77,5	291,7	140	434,4	225
99,5	37,5	182,0	80	300,6	145	442,4	230
104,5	40	186,8	82,5	309,4	150	449,8	235
109,4	42,5	191,6	85	318,1	155	457,4	240
114,4	45	196,3	87,5	326,8	160	464,2	245
119,3	47,5	201,0	90	335,3	165	472,9	250
124,5	50	205,7	92,5	342,8	170		

Die vorstehende Tabelle ist experimentell für Gemische von chemisch reinem Zucker und Invertzucker aufgestellt, während die im Folgenden abgedruckte Herzfeld'sche Tabelle unter den gleichen Versuchsbedingungen sich auf Gemische von technischer Raffinade und Invertzucker bezieht. In der Praxis hat man sich bisher ausschliesslich der Herzfeld'schen Werthe bedient. Die von Allihn und Lehmann aufgestellten diesbezüglichen Tabellen sind aus verschiedenen Gründen praktisch nicht anwendbar.

Tabelle von Herzfeld zur gewichtsanalytischen Bestimmung des Invertzuckers im Rübenzucker bei Anwendung von 10 g Substanz und 2 Minuten Kochdauer.

Cu Milligramm	Invertzucker %	Cu Milligramm	Invertzucker %
50	0,05	185	0,76
55	0,07	190	0,79
60	0,09	195	0,82
65	0,11	200	0,85
70	0,14	205	0,88
75	0,16	210	0,90
80	0,19	215	0,93
85	0,21	220	0,96
90	0,24	225	0,99
95	0,27	230	1,02
100	0,30	235	1,05
105	0,32	240	1,07
110	0,35	245	1,10
115	0,38	250	1,13
120	0,40	255	1,16
125	0,43	260	1,19
130	0,45	265	1,21
135	0,48	270	1,24
140	0,51	275	1,27
145	0,53	280	1,30
150	0,56	285	1,33
155	0,59	290	1,36
160	0,62	295	1,38
165	0,65	300	1,41
170	0,68	305	1,44
175	0,71	310	1,47
180	0,74	315	1,50

Sind in einem Gemisch von Rohzucker und Invertzucker mehr als 2 Procent von dem letzten vorhanden, so können die vorstehenden Tabellen keine Anwendung finden, da die zu ihrer Aufstellung führende experimentelle Grundlage sich nicht so weit erstreckte. Man ist in solchen Fällen gezwungen, nach der von Meissl angegebenen und von Hiller vervollständigten Methode zu verfahren.

Man führt dann zunächst mit dem Normalgewicht von der vorliegenden Substanz, in 100 ccm gelöst, eine direkte Polarisation aus (= P), fällt in einem aliquoten Theil des mit Bleiessig geklärten Filtrates das Blei durch Natriumsulfat aus und ergänzt die Flüssigkeit zu einem bestimmten Volum. Hiervon verwendet man 50 ccm zur Invertzuckerbestimmung nach der vorher beschriebenen gewöhnlichen Methode. Es ist vortheilhaft, eine solche Verdünnung anzuwenden, dass in den zur Invertzuckerbestimmung dienenden 50 ccm Flüssigkeit ca. 200 bis 300 mg Kupfer abgeschieden werden (= Cu). Nachdem das von dieser Substanzmenge (= p) reducirte Kupfer ermittelt ist, ergiebt sich die genaue Berechnung des Invertzuckergehaltes in folgender Weise:

$$\text{Ungefährer Invertzuckergehalt} = \frac{Cu}{2},$$

$$\text{wahrer Invertzuckergehalt} = J = \frac{Cu}{p} \cdot F.$$

Hierin bedeuten Cu gewogene Menge Kupfer, p angewendete Substanz, F den Faktor, welcher den Einfluss des Rohrzuckers berücksichtigt; dieser ergiebt sich aus folgender Tabelle von Hiller.

R : J	J = 200 mg	175 mg	150 mg	125 mg	100 mg	75 mg	50 mg
0 : 100	56,4	55,4	54,5	53,8	53,2	53,0	53,0
10 : 90	56,3	55,3	54,4	53,8	53,2	52,9	52,9
20 : 80	56,2	55,2	54,3	53,7	53,2	52,7	52,7
30 : 70	56,1	55,1	54,2	53,7	53,2	52,6	52,6
40 : 60	55,9	55,0	54,1	53,6	53,1	52,5	52,4
50 : 50	55,7	54,9	54,0	53,5	53,1	52,3	52,2
60 : 40	55,6	54,7	53,8	53,2	52,8	52,1	51,9
70 : 30	55,5	54,5	53,5	52,9	52,5	51,9	51,6
80 : 20	55,4	54,3	53,3	52,7	52,2	51,7	51,3
90 : 10	54,6	53,6	53,1	52,6	52,1	51,6	51,2
91 : 9	54,1	53,6	52,6	52,1	51,6	51,2	50,7
92 : 8	53,6	53,1	52,1	51,6	51,2	50,7	50,3
93 : 7	53,6	53,1	52,1	51,2	50,7	50,3	49,8
94 : 6	53,1	52,6	51,6	50,7	50,3	49,8	48,9
95 : 5	52,6	52,1	51,2	50,3	49,4	48,9	48,5
96 : 4	52,1	51,2	50,7	49,8	48,9	47,7	46,9
97 : 3	50,7	50,3	49,8	48,9	47,7	46,2	45,1
98 : 2	49,9	48,9	48,5	47,3	45,8	43,3	40,0
99 : 1	47,7	47,3	46,5	45,1	43,3	41,2	38,1

Das Verhältniss von Rohrzucker zu Invertzucker bestimmt man folgendermaassen:

In p g Substanz $=\dfrac{Cu}{2}$ g Invertzucker, in 100 g Substanz

$$J = \frac{100\,\dfrac{Cu}{2}}{p}.$$

Die Substanz enthält auf Grund der Polarisation P g Rohrzucker, also Gesammtzucker:

$$R + J = P + \frac{100\,\dfrac{Cu}{2}}{p}.$$

Es ist demnach auf

$$P + \frac{100\,\dfrac{Cu}{2}}{p}$$

Gesammtzucker

$$\frac{100\,\dfrac{Cu}{2}}{p}$$

Inverzucker vorhanden.

Auf 1 g Gesammtzucker

$$= \frac{100\,\dfrac{Cu}{2}}{p\ P + \dfrac{100\,\dfrac{Cu}{2}}{p}}$$

Invertzucker.

Auf 100 g Gesammtzucker

$$= \frac{100\,\dfrac{Cu}{2}\ 100}{p\ P + \dfrac{100\,\dfrac{Cu}{2}}{p}}$$

Invertzucker.

Der Gehalt an Rohrzucker ist die Differenz zwischen 100 und dem Invertzuckergehalt, demnach ist das Verhältniss R : J bekannt, ebenso die annähernde Menge Invertzucker. Aus der Tabelle ergiebt sich danach leicht der Faktor F und damit die genaue Menge Invertzucker.

Preuss. 6

Beispiel: $Cu = 0{,}296$ g, $P = 78{,}9$, $\dfrac{Cu}{2} = 0{,}148$ g; $p = 3{,}256$ g,

da 50 ccm des Polarisationsfiltrates mit Bleiessig behandelt zu 100 ccm aufgefüllt waren und 25 ccm davon zur Reduktion angewendet waren.

Auf 100 g Gesammtzucker ergiebt sich 5,66 g Invertzucker, daher

$$R = 94{,}3; \quad R : J = 94 : 6$$
$$F = 51{,}6.$$

$$J = \frac{0{,}296 \cdot 51{,}6}{3{,}256} = 4{,}69 \ \text{Procent.}$$

6. Rendement. Unter Rendement oder Raffinationswerth versteht man diejenige Zahl, welche angiebt, wieviel an **krystallisirter, weisser Konsumwaare** man aus 100 Theilen eines Rohzuckers ausbringen kann. Die im deutschen Handel übliche Rendementsberechnung beruht auf der durch die Praxis im Allgemeinen bestätigten Annahme, dass 1 Theil im Rohzucker enthaltener löslicher Salze 5 Theile Zucker am Krystallisiren zu hindern vermag*). Man multiplicirt daher den Salzgehalt mit dem Faktor 5 und bringt diese Zahl von der Polarisation in Abzug.

Ebenso wird auch der Invertzucker, wenn auch in geringerem Maasse, als Melassebildner angesehen; es ist üblich, den doppelten Invertzuckergehalt von der Polarisation zu subtrahiren. Ein Zucker von 96,0 Polarisation, Salzgehalt 1,25 und Invertzuckergehalt 0,15 hätte z. B. das Rendement 89,45.

7. Farbe. Zur Bestimmung der Farbe von Zucker und anderen Produkten hat sich in Zuckerfabriken allgemein das Stammer'sche Farbenmaass eingebürgert.

Es ist in nebenstehender Figur 25 in der Vorderansicht dargestellt und hat nach Stammer's Beschreibung folgende Haupttheile. Die weite Saftröhre I, unten durch eine Glasscheibe geschlossen, oben offen und seitlich mit einer Erweiterung zum Ein- und Ausgiessen der Flüssigkeiten versehen. Die Saftröhre ist an dem Stativ mittelst zweier Schrauben befestigt und kann erforderlichen Falles behufs Reinigung etc. leicht abgenommen werden. Die Maassröhre III, unten mit einer Glasscheibe verschlossen und innerhalb der Saftröhre I beweglich. Die Farbenglasröhre II, mit III fest verbunden, unten offen, oben mit dem Farbenglas bedeckt; sie ist mit ihrem unteren Ende mittelst zweier Ringe mit Schrauben fest, aber leicht lösbar, mit der

---

*) Vgl. Dr. Al. Herzfeld. Ztschr. d. V. f. d. R.-J. d. d. R. März 1892.

Gleitplatte verbunden, welche gemeinschaftlich mit anderen Führungen die senkrechte Verschiebung der verbundenen Röhren II und III sichert. Der Grad dieser Verschiebung wird an der Rückseite des Stativs, an der Skala mit Indikator, nach Millimetern abgelesen, deren Bruchtheile noch geschätzt werden können. Das Farbenglas besteht aus zwei mit einander verbundenen Glasscheiben; die so hervorgebrachte Färbung ist als Normalfarbe mit 100 bezeichnet. Ausserdem sind dem Instrumente zwei einfache Farbengläser beigegeben, die an Stelle des Normalglases oder mit diesem zugleich benutzt werden können; man erhält so die halbe, anderthalbfache oder doppelte Normalfarbe, zur Benutzung bei sehr hellen oder sehr dunklen Flüssigkeiten. Ausserdem befindet sich an dem Instrumente noch die Augenkapsel V, welche über die Röhren II und III gesteckt ist, und ein matter weisser Spiegel, der das gleichmässig zerstreute Licht in passendem Winkel von unten in die Röhren wirft. Die Augenkapsel V enthält eine optische Vorrichtung, in Folge deren die beiden gleich oder ungleich gefärbten Sehfelder als unmittelbar an einander stossende Halbkreise (wie beim Polarisations-Instrumente) wahrgenommen werden; die Einstellung wird dadurch wesentlich erleichtert und genauer gemacht. Bei der einfacheren Form des Instrumentes ist nur eine Kapsel ohne optischen Apparat vorhanden; die zu vergleichenden Farben stellen sich dann als zwei neben

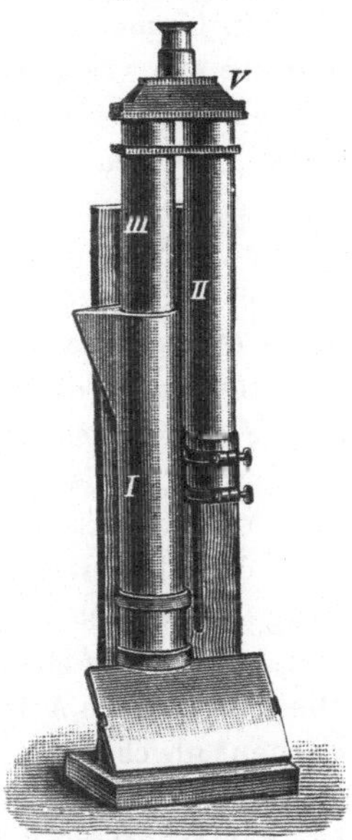

Fig. 25.

einander liegende Kreise dar. Man stellt das Instrument so gegen das Licht und giebt dem Spiegel eine solche Neigung, dass beim Hineinsehen durch die Augenkapsel und nach Entfernung des Farbenglases die Sehfelder beider Röhren hell erscheinen. Nun legt man das Farbenglas mit seiner Fassung auf die Röhre III und füllt die Flüssigkeit, deren Farbe gemessen werden soll, und die vollkommen klar (also bei wahrnehmbarer Trübung durch doppeltes Filtrirpapier doppelt filtrirt) sein muss, in die Saftröhre I, welche ebenso wie die Maassröhre III mit ihrer Glasscheibe und Schraubenkapsel vollkommen dichten Verschluss erheischt. (Die Verschlussschraube bestreicht man zweckmässig mit ein wenig Talg.) Nun verschiebt man die verbundenen Maass- und Farberöhren II und III so weit, bis die Farbe der zwischen den Deckgläschen der beiden Röhren I und II befindlichen Flüssigkeitsschicht derjenigen des Farbegläschens entspricht, indem beide von oben bei dem Lichte betrachtet werden, welches von dem Spiegel aufwärts durch die Röhren reflektirt wird. Der Nullpunkt der Skala entspricht natürlich der unmittelbaren Berührung der Deckgläschen der Saft- und der Maassröhre; eine solche kann aber in Folge des Vorhandenseins einer Verschlusskapsel bei III nicht stattfinden; aus diesem Grunde lässt sich das Maassrohr nicht gänzlich bis zum Nullpunkte der Skala herabschieben. Auch ist bei Verschluss der Röhren ein etwa einzulegender Gummiring nur zwischen Glas und Kapsel, nicht zwischen Glas und Rohr, einzulegen, oder so dünn zu nehmen, dass seine Dicke vernachlässigt werden kann. Der Stand der Maassröhre oder die Höhe der Flüssigkeitsschicht wird dann an der Skala auf der Rückseite des Instruments abgelesen. Man thut wohl, mehrere Male einzustellen und aus den Beobachtungen das Mittel zu nehmen. Da die Farbe der Flüssigkeit im umgekehrten Verhältniss zu der Dicke der Schicht derselben steht, welche erforderlich ist, um eine bestimmte Farbe hervorzubringen, und da diese letztere hier durch 100 ausgedrückt ist, so erhält man die Farbe der Flüssigkeit, indem man die abgelesene Millimeterzahl in 100 dividirt. Um diese Rechnung entbehrlich zu machen, ist der Gebrauchsanweisung eine Tabelle der den Ablesungen entsprechenden Farbenzahlen beigegeben. Die bei höheren Ablesungen geringeren Unterschiede der gefundenen Farben gleichen die bei hellen Flüssigkeiten weniger scharfen Einstellungen (wie sie in Folge der geringen Farbeveränderungen selbst bei bemerklicher Schichtenverlängerung unvermeidlich sind) vollkommen aus. Die in dieser Weise gefundenen Farbezahlen sind für alle Zuckerflüssigkeiten, sowie für die verschiedenen Instrumente als absolute Zahlen vergleichbar. Die Reinigung des Instrumentes ist leicht zu bewirken. Werden mehrere Beobachtungen nach einander ausgeführt, so genügt Ausgiessen und dann Ausspülen mit den zu beobachtenden Flüssigkeiten selbst. Sonst löst man die Schraube der Ringe, welche die Farbenröhre mit der Schiebevorrichtung verbinden, nimmt die oben verbundenen Röhren II und III heraus und reinigt nun die Saft- und Maassröhre in gewöhnlicher Weise. Wendet man destillirtes Wasser an, so ist Austrocknen nicht erforderlich. Nöthigenfalls lassen sich auch die Deckgläschen, sowie der Verband der Röhren II und III mit der Messingplatte leicht lösen. Die meisten Flüssigkeiten, deren Farbebestimmung von Interesse ist, wie Dünnsäfte, Dicksäfte u. dergl., kann man unmittelbar messen, wenn ihr specifisches Gewicht bekannt ist; sie können auch verglichen werden, indem man die Farbe auf ein bestimmtes Saccharometergewicht bezieht; die geringen Abweichungen, welche bei der Vergleichung gleichartiger Säfte vorkommen, ermöglichen eine hinreichend genaue Korrektion. Bei besonders hellen Säften bedient man sich des halbnormalen Glases und bringt bei der Ablesung die erforderliche Korrektion an. Aehnlich verfährt man mit Säften, die so dunkel sind, dass eine genaue Einstellung der sehr dünnen Flüssigkeitsschicht nicht wohl ausführbar ist, indem man deren Farbe mit der anderthalb- oder doppelt-normalen vergleicht und dann passend reducirt. Bei solchen Produkten (Syrupen, Rohprodukten, Melassen), wo dies zur richtigen Einstellung nicht ausreicht, wird vorher eine Verdünnung mit Wasser auf das genau doppelte, vierfache etc., ja zehnund zwanzigfache Volumen vorgenommen, dann wie gewöhnlich eingestellt, die abgelesene Zahl mit 2, 4, 10, 20 etc. dividirt und schliesslich durch Division in 100 (oder bei gleichzeitiger Anwendung des Doppeltnormalglases in 200) die betreffende Farbe gefunden*).

Tabelle für die am Stammer'schen Farbenmaass abgelesenen Millimetergrade.

Milli-meter	Farbe	Milli-meter	Farbe	Milli-meter	Farbe	Milli-meter	Farbe	Milli-meter	Farbe	Milli-meter	Farbe	Milli-meter	Farbe
1	100,00	17	5,88	33	3,03	49	2,04	65	1,54	81	1,24	96	1,04
2	50,00	18	5,55	34	2,94	50	2,00	66	1,52	82	1,22	97	1,03
3	33,33	19	5,26	35	2,86	51	1,96	67	1,49	83	1,20	98	1,02
4	25,00	20	5,00	36	2,78	52	1,92	68	1,47	84	1,19	99	1,01
5	20,00	21	4,76	37	2,70	53	1,89	69	1,45	85	1,18	100	1,00
6	16,67	22	4,55	38	2,63	54	1,85	70	1,43	86	1,16	110	0,90
7	14,29	23	4,35	39	2,56	55	1,82	71	1,41	87	1,15	120	0,83
8	12,50	24	4,17	40	2,50	56	1,79	72	1,39	88	1,14	130	0,77
9	11,11	25	4,00	41	2,44	57	1,75	73	1,37	89	1,12	140	0,71
10	10,00	26	3,85	42	2,38	58	1,72	74	1,35	90	1,11	150	0,67
11	9,09	27	3,70	43	2,33	59	1,69	75	1,33	91	1,10	160	0,63
12	8,33	28	3,57	44	2,27	60	1,67	76	1,32	92	1,09	170	0,59
13	7,69	29	3,45	45	2,22	61	1,64	77	1,30	93	1,08	180	0,56
14	7,14	30	3,33	46	2,17	62	1,61	78	1,28	94	1,06	190	0,53
15	6,67	31	3,23	47	2,13	63	1,59	79	1,27	95	1,05	200	0,50
16	6,25	32	3,13	48	2,08	64	1,56	80	1,25				

*) Stammer Lehrbuch der Zuckerfabrikation. S. 702.

8. Die Prüfung auf schweflige Säure im Rohzucker kann so ausgeführt werden, dass man in einer koncentrirten Lösung desselben mittelst Zink und Salzsäure Wasserstoff entwickelt, wodurch die schweflige Säure zu Schwefelwasserstoff reducirt wird; den letzteren kann man dann leicht durch event. Bräunung von Bleipapier nachweisen. — Nach Davidson übergiesst man 1—1,5 g des Zuckers in einem Reagenzglase mit ca. 2 ccm verdünnter Stärkelösung und fügt vorsichtig einige Tropfen verdünnte Jodsäure hinzu, ohne dass sich die Flüssigkeiten vermischen. Bei Anwesenheit von schwefliger Säure entsteht an der Berührungsfläche sofort eine blaue Zone.

Neuntes Kapitel.

Untersuchung von Melassen und Syrupen.

Zuckerbestimmung. Für die direkte Polarisation wägt man in einer tarirten Neusilberschale das halbe Normalgewicht der Melasse ab, bringt dieselbe mit Hilfe der Spritzflasche und eines weiten Neusilbertrichters ohne Verlust in einen 100 ccm-Kolben, klärt nach Bedarf mit Bleiessig, d. h. bis nach dem Absetzen des entstehenden Niederschlages auf Zusatz einiger weiterer Tropfen keine Trübung mehr entsteht, und polarisirt im 200 mm-Rohr. Die abgelesenen Grade sind wegen Anwendung des halben Normalgewichtes in 100 ccm Flüssigkeit mit 2 zu multipliciren. Manche Melassen sind selbst durch viel Bleiessig nicht soweit zu entfärben, dass ihre Polarisation im 200 mm-Rohr möglich, es hilft dann in der Regel ein Zusatz von einigen Kubikcentimetern Alaun- oder Gerbsäurelösung, bevor man den Bleiessig hinzufügt. Hat man Ursache, auf das Vorhandensein anderer optisch aktiver Stoffe (Invertzucker, Raffinose etc.) zu schliessen, so führt man neben der eben beschriebenen direkten Polarisation auch die Clerget'sche Inversionspolarisation aus. Die Anwesenheit von Invertzucker wird in der Weise festgestellt, dass man in einem Theil des zur Polarisation dienenden Filtrates das Blei durch Natriumsulfat entfernt und die entbleite Flüssigkeit zwei Minuten auf dem Drahtnetz über freier Flamme mit einem Ueberschuss von Fehling'scher Lösung kocht. Zeigt sich beim Filtriren der Flüssigkeit auf dem Filter nur ein Anflug von Kupferoxydul, so kann der Invertzuckergehalt vernachlässigt werden. Die Inversionspolarisation wird im gegebenen Falle nach der unter Rohzucker gegebenen Vorschrift ausgeführt; nur wird man zur Entfärbung meistens etwas mehr Knochenkohle anwenden müssen. Das Ergebniss wird nach der Formel $\dfrac{100\,S}{132,7}$ für die Temperatur 20^0 C. berechnet; ist die Beobachtung bei einer anderen Temperatur ausgeführt worden, so wird entweder die Tuchschmidt'sche Formel $\dfrac{100\,S}{142,7-\frac{1}{2}\,t}$ oder die folgende angewendet: $J_{20} = J_t + 0,0038\,S\,(20-t)$, worin $S = \dot{P} + J$ bedeutet, d. h. die Summe der Ablenkung vor und nach der Inversion ohne Berücksichtigung des Vorzeichens, und t die Beobachtungstemperatur.

Specifisches Gewicht. Wegen der zähflüssigen Konsistenz der Syrupe und Melassen ist es für genauere Bestimmungen nicht angängig, das specifische Gewicht derselben wenigstens direkt mit der Brix-Spindel zu ermitteln; auch sind die meisten Melassen gewöhnlich mechanisch verunreinigt und mit Luftblasen durchsetzt, dass sie einer besonderen Vorbereitung bedürfen. Handelt es sich z. B. darum, von einem Raffinerie- oder Speisesyrup das specifische Gewicht zu ermitteln, so kann man ein bestimmtes Gewicht desselben mit dem doppelten bis vierfachen Gewicht Wasser versetzen und von der Saccharometer-Anzeige das entsprechende Vielfache nehmen; nur ist zu berücksichtigen, dass ein etwaiger Beobachtungsfehler sich in demselben Maasse steigert. Für genaue Bestimmungen ist es daher stets vorzuziehen, das specifische Gewicht mittelst des Pyknometers festzustellen. Man bedient sich hierzu vortheilhaft weithalsiger Grammfläschchen (Maasskölbchen von 25 oder 50 ccm, welche an der Marke sorgfältig abgeschliffen und durch ein Deckgläschen verschlossen sind), in welche so lange von dem erwärmten Syrup nachgefüllt wird, bis das Pyknometer nach dem Abkühlen auf Normaltemperatur gerade gefüllt ist. Man säubert und trocknet hierauf die Aussenseite desselben und wägt.

Ist wegen mechanischer Verunreinigungen der Melasse die direkte Bestimmung des specifischen Gewichtes nicht angezeigt, so verfährt man folgendermaassen. Man füllt dieselbe in einen Trichter, dessen untere Oeffnung man durch einen passenden Glasstab mit Gummischlauch-Ueberzug verschlossen hat, setzt den Trichter in einen weithalsigen, mit Wasser gefüllten Kolben und treibt durch Erhitzen vermittelst der Wasserdämpfe die Luftblasen und sonstigen Verunreinigungen an die Oberfläche. Die vollkommen dünnflüssige und luftfreie Melasse lässt man dann in das untergestellte Pyknometer fliessen.

Scheibler hat einen einfachen Apparat angegeben, um das specifische Gewicht zähflüssiger Syrupe zu bestimmen. Dieser besteht aus einer Vollpipette von beliebiger Kapacität, welche an beiden Enden durch Glashähne verschlossen werden kann; an den Enden sind zwei Glasrohre mit übergreifenden Kappen luftdicht eingeschliffen. Man taucht nun bei geöffneten Glashähnen die eine Spitze in den Syrup, während man an der anderen mittelst einer Luftpumpe saugt. Ist die Pipette vollständig gefüllt, so schliesst man die beiden Hähne, nimmt die Kappen ab und stellt den Apparat so lange in Wasser von der gewünschten Temperatur, bis man annehmen kann, dass der Syrup dieselbe angenommen hat, zieht wiederum Syrup nach, bis die Pipette bei der betreffenden Temperatur vollständig gefüllt ist.

Fig. 26.

Alkalität. Man wägt von der Melasse ca. 20 g ab, verdünnt mit Wasser und versetzt mit soviel $1/10$-Normalsäure, bis ein Tropfen der Lösung auf blauem Lakmuspapier gerade eine schwache Röthung hervorruft.

Reinheitsquotient. Wegen des schwierigen Austrocknens von Melassen unter Anwendung von Quarzsand selbst im luftverdünnten Raum begnügt man sich gewöhnlich damit, den scheinbaren Reinheitsquotienten zu ermitteln. Das specifische Gewicht wird nach der Tabelle S. 22—29 in Grade Brix umgerechnet und der Zuckergehalt durch die Inversionspolarisation bestimmt.

Zehntes Kapitel.

Untersuchung der Abfallstoffe.

1. Ausgelaugte Schnitzel.

Den Zuckergehalt der ausgelaugten Schnitzel bestimmt man nach Stammer auf folgende Art.

a) Man wägt von den in einer Fleischhackmaschine zerkleinerten Schnitzeln eine gute Durchschnittsprobe von ca. 200 g ab, besprengt dieselben mit ca. 15 ccm Bleiessig, mischt sorgfältig durcheinander und bestimmt deren Wassergehalt. Der Zusatz von Bleiessig hat die Wirkung, dass die Schnitzel bei dem nachherigen Auspressen leicht und vollständig ihren Saft abgeben. Der Saft kann nach geschehener Filtration sofort im 400 mm-Rohr polarisirt werden. Unter Berücksichtigung des Wassergehaltes geschieht die Berechnung des darin vorhandenen Zuckers nach folgendem Schema:

Es sei ein Wassergehalt von 87,5 Proc. gefunden; 200 g enthalten daher 175,0 gr Wasser Drehung $= 1,8^0$ im 400 mm-Rohr $= 0,9$ im 200 mm-Rohr $= 0,234$ Proc. Zucker.

100 ccm $= 0,234$ g Zucker, 175 ccm $= x = 0,4095$ g
200 g $\quad = 0,4095$ g Zucker, 100 g $\quad = 0,205$ g Zucker.

Die Schnitzel enthalten demnach 0,205 Proc. Zucker.

b) Sicherer ist es, die ausgelaugten Schnitzel nach der Extraktionsmethode von Sickel-Soxhlet zu untersuchen, da der Einfluss der Nichtzuckerstoffe sich hier noch bemerkbarer macht als bei der Rübenanalyse. Herzfeld untersuchte drei Proben von ausgelaugten Schnitzeln, welche nach der alten Methode der wässerigen Polarisation einen Zuckergehalt von 2,27 Proc. resp. 1,80—1,43 Proc. ergaben, auch mittelst der Alkoholextraktion und fand hierbei einen Zuckergehalt von 0,2 bezw. 0,00—0,50 Proc. Dass in den ausgelaugten Schnitzeln thatsächlich oft hochpolarisirende rechtsdrehende Nichtzuckerstoffe vorhanden sind, ist durch Analyse des betreffenden Bleiessigniederschlages nachgewiesen worden. — Der procentische Verlust an Zucker in der Diffusionsbatterie auf Rübengewicht berechnet sich, indem man die Polarisation der ausgelaugten Schnitzel mit 0,80 multiplicirt*).

2. Absüsswässer (Schwemm- und Brüdenwasser).

Um im Fabrikbetriebe einen Anhaltspunkt für den Zuckergehalt der Absüsswässer zu haben, begnügt man sich gewöhnlich damit, vermittelst einer besonders empfindlichen Brixspindel, deren Skala nur wenige in Zehntel getheilte Grade umfasst ($— 5$ bis $+ 5^0$), das specifische Gewicht des abgekühlten Absüsswassers festzustellen.

Für genaue Bestimmungen ist diese Methode natürlich nicht anwendbar. Man verfährt dann so, dass man die mit $^1/_{10}$ Volum verdünntem Bleiessig geklärte Lösung im 400- oder 600 mm-Rohr

---

*) In der Praxis untersuchte man die ausgelaugten Schnitzel bisher meist nur nach der Methode der Saftpolarisation.

polarisirt. Die Anwendung des langen Beobachtungsrohres bedingt hierbei eine absolut klare Flüssigkeit. Die Ablesung ist zunächst um $^1/_{10}$ des Betrages zu erhöhen und je nach der Länge des Rohres durch 2 resp. 3 zu dividiren. Bedient man sich eines 200 mm-Rohres, so koncentrirt man vorher das Absüsswasser auf das halbe Volum. Durch die Praxis hat es sich als zweckmässig erwiesen, das Absüssen der Filter einzustellen, sobald das Absüsswasser einen Quotienten von ca. 50—60 zeigt. Zur Verlustberechnung ist es selbstverständlich erforderlich, die Menge des Absüsswassers wenigstens annähernd zu kennen.

3. Untersuchung des Pressschlammes.

Es ist zunächst darauf zu achten, dass aus möglichst vielen Pressen und bei jeder einzelnen an verschiedenen Stellen und Höhenlagen Proben entnommen werden. Man bereitet sich hieraus ein gutes Durchschnittsmuster und verfährt zur Zuckerbestimmung a) nach Scheibler wie folgt:

In einer besonderen Probe (ca. 10 g) wird durch Austrocknen bei 100—105° der Wassergehalt bestimmt; eine zweite Menge von 50 g bringt man in eine Reibschale, spült die letzten Theile des Schlammes mit Wasser von dem Tarirblech in die Schale und mischt mit dem Pistill, bis eine homogene Masse entstanden ist. Um das Gewicht des zugefügten Wassers genau zu kennen, verwendet man zum Ausspülen der tarirten Messingschale, sowie nachher der Reibschale ein bestimmtes Volum Wasser (250 ccm). Aus der Reibschale wird hierauf der Schlamm mit Hilfe des noch restirenden Wassers quantitativ in einen Kolben von ca. 1 Liter Inhalt gebracht, dessen doppelt durchbohrter Stopfen zwei kurze Glasrohre trägt; von diesen ist das eine vermittelst Gummischlauch und Quetschhahn verschliessbar, während das andere mit einem Kohlensäureentwickelungsapparat in Verbindung steht. (Die Kohlensäure muss, bevor sie in den Kolben gelangt, durch Chlorkalcium oder konc. Schwefelsäure getrocknet werden.)

Man verdrängt nun bei geöffnetem Quetschhahn durch einen raschen Kohlensäurestrom die in dem Kolben enthaltene Luft, schliesst den Quetschhahn und fährt unter Umschütteln so lange mit dem Saturiren fort, bis die aufhörende Absorption die völlige Zersetzung des Zuckerkalkes anzeigt. Man filtrirt hierauf einen Theil der Flüssigkeit durch ein trockenes Faltenfilter und bestimmt den Zuckergehalt polarimetrisch. — Die Berechnung des Procentgehaltes an Zucker geschieht nach folgendem Beispiel.

Zur Bestimmung dienten 50 g Pressschlamm von 40 Procent Wassergehalt = 20 g Wasser; hinzugefügt wurden 250 g Wasser, also Gewicht der Flüssigkeit = 320 g.

Polarisation des Filtrates = $3,2^0$, wegen der Verdünnung mit $^1/_{10}$ Volum Bleiessig um $^1/_{10}$ zu erhöhen = 3,52 = 0,917 g Zucker. In der gesammten Flüssigkeit 320 g sind nach der Proportion enthalten: 100 : 0,917 = 320 : x = 2,93 g Zucker. 50 g Schlamm enthalten 2,93 g Zucker, 100 = 5,86 Procent Zucker.

b) Methode von Sidersky. Eine Methode, deren Ausführung bedeutend weniger Zeit in Anspruch nimmt, da sie keine Wasserbestimmung erfordert, die aber dennoch für die Technik genügend genaue Resultate giebt, ist die folgende:

Man wägt 50 g des zu untersuchenden Pressschlammes ab, spült den mit wenig Wasser angeriebenen Brei ohne Verlust in einen Maasskolben von 200 ccm und versetzt mit soviel koncentrirter Essigsäure, bis die durch Phenolphtaleïnlösung hervorgerufene Rothfärbung beim Umschütteln gerade noch verschwindet. Der Zusatz von Essigsäure darf nur in kleinen Portionen geschehen, da sonst durch das dabei auftretende Schäumen leicht Verluste entstehen können. Nach beendigter Neutralisation versetzt man mit 5 ccm Bleiessig, lässt den Schaum absetzen und filtrirt nach dem Auffüllen durch ein trockenes Filter. Die an der Skala abgelesenen Polarimetergrade geben bei Anwendung eines 200 mm-Rohres direkt Procent Zucker an.

Der Methode liegt folgende Berechnung zu Grunde.

Der Pressschlamm enthält durchschnittlich 50 Procent kohlensauren Kalk vom specifischen Gewichte 2,9; die in 50 g enthaltenen 25 g $CaCO_3$ nehmen daher ein Volumen von 8,62 ccm ein; man hat daher nach dem Auffüllen in Wirklichkeit nicht 200 ccm, sondern nur 191,38 ccm Flüssigkeit. Um bei Anwendung eines 200 ccm-Kölbchens direkt Procente Zucker abzulesen, muss man 52,1 g Substanz abwägen, bei 191,38 ccm wären abzuwägen 49,85 g; dies kann man, ohne einen nennenswerthen Fehler zu begehen = 50 g setzen.

Elftes Kapitel.

Untersuchung von Melassekalk, Zuckerkalk.

1. Bestimmung des **Zuckergehaltes.** Das Normalgewicht von dem gut durchgemischten Saccharat wird in einer Schale mit Essigsäure neutralisirt, in ein 100 ccm-Kölbchen gespült, mit Bleiessig geklärt und nach dem Auffüllen im 200 mm-Rohr polarisirt. Die Zerlegung des Zuckerkalks kann natürlich ebenso, wie beim Pressschlamm beschrieben ist, auch durch Kohlensäure geschehen. Das Normalgewicht von dem Saccharat wird hierzu in einen Kolben gespült und unter Erwärmen mit Kohlensäure gesättigt. Man filtrirt hierauf den kohlensauren Kalk ab, wäscht das Filter aus und bringt die Flüssigkeit nach dem Klären mit Bleiessig auf 200 ccm, filtrirt abermals und erfährt aus der Polarisation durch Multiplikation mit 2 Procente Zucker.

2. **Kalkgehalt.** ca. 5 g Substanz spült man in eine Porzellanschale und titrirt mit $^1/_1$- oder $^1/_{10}$-Normalsäure in bekannter Weise (NB. bei Anwendung von Lakmustinktur unter Aufkochen!).

3. **Aschengehalt.** 10—20 g Saccharat werden in einer Platinschale verbrannt, die Kohle auf einem quantitativen Filter mit heissem Wasser ausgelaugt und der Rückstand (Kalkasche), sowie der Abdampfrückstand (Kaliasche) für sich geglüht und gewogen.

In derselben Weise wie die Kalksaccharate untersucht man auch das Strontiansaccharat; bei der Bestimmung des Strontianhydrates $(Sr\,(OH)_2 + 8\,H_2O)$ bedient man sich zur Titration gewöhnlich einer $^3/_4$ normalen Säure. Es entspricht dann 1 ccm = 0,1 g Strontianhydrat.

Zwölftes Kapitel.

Untersuchung der Saturationsgase.

1. **Bestimmung der Kohlensäure.** Die sämmtlichen weiter unten beschriebenen Apparate, welche zur quantitativen volumetrischen Bestimmung der Kohlensäure dienen, beruhen auf dem Princip, einer gemessenen Menge des Gasgemisches durch ein geeignetes Absorptionsmittel (Kalilauge—Barytwasser) die Kohlensäure zu entziehen; aus der dabei stattfindenden Volumverminderung erfährt man den Gehalt an CO_2.

1. Der einfachste dieser Apparate ist die Stammer'sche Messröhre. Diese besteht aus dem kalibrirten Rohr a (50 ccm Inhalt), welches durch einen luftdicht schliessenden Glashahn c mit einem zur Aufnahme der Absorptionsflüssigkeit dienenden Gefäss b in Verbindung steht. Die Kohlensäurebestimmung wird folgendermaassen ausgeführt: Man füllt bei geschlossenem Hahn c die Röhre a vollständig mit Wasser, verschliesst die untere Oeffnung mit dem Daumen und dreht unter Wasser um; hierauf lässt man vermittelst eines an der Leitung angebrachten Schlauches das Saturationsgas von unten her in die Messröhre eintreten, bis das Wasser vollständig verdrängt ist. Durch vorsichtiges Oeffnen des Hahnes stellt man den unteren Flüssigkeitsspiegel auf den 0-Punkt ein, füllt b bis zur Marke mit koncentrirter Kalilauge und lässt einen Theil derselben in die Messröhre eintreten, wodurch sofort eine Absorption der Kohlensäure bewirkt wird; sieht man das Niveau des Wassers im Inneren der Röhre nicht mehr steigen, so verschliesst man die untere Oeffnung mit dem Daumen, nimmt die Röhre heraus, lässt wieder etwas Kalilauge nach a fliessen und schüttelt kräftig durch. Nachdem so die Absorption eine vollständige geworden, bringt man die Röhre in einen hohen, mit Wasser gefüllten Standcylinder, lässt auf Normaltemperatur abkühlen und liest, nachdem gleiches Niveau hergestellt ist, das Volum von CO_2 ab. Durch Multiplikation mit 2 erfährt man den Procentgehalt an Kohlensäure.

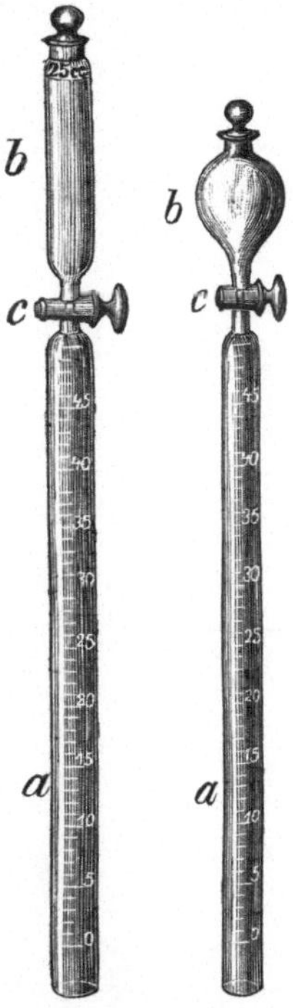

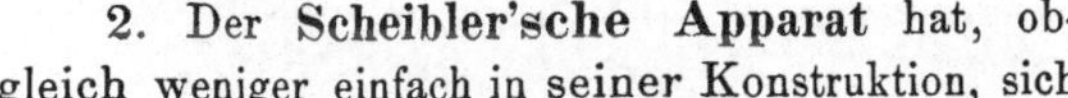

Fig. 27.

2. Der **Scheibler'sche Apparat** hat, obgleich weniger einfach in seiner Konstruktion, sich doch wegen der damit erhaltenen sicheren Resultate und der bequemen Arbeitsweise (die lästige Berührung mit der alkalischen Absorptionsflüssigkeit wird ganz vermieden!) in den meisten Fabriken Eingang verschafft. Scheibler beschreibt denselben, sowie seine Handhabung wie folgt:

Der in Figur 28 abgebildete Apparat besteht aus zwei kalibrirten Glasröhren mn und rou, welche beide von einem Glasgehäuse umgeben sind. Diese Glasumhüllung dient dazu, beide

Röhren gegen durch Luftströmung bedingte Temperaturwechsel
während der Versuche möglichst zu schützen. Die Röhre mn
(Messröhre) stellt eine Vollpipette dar, welche zwischen ihren dem
Glase aufgeätzten Marken m und n genau 100 ccm Inhalt besitzt;

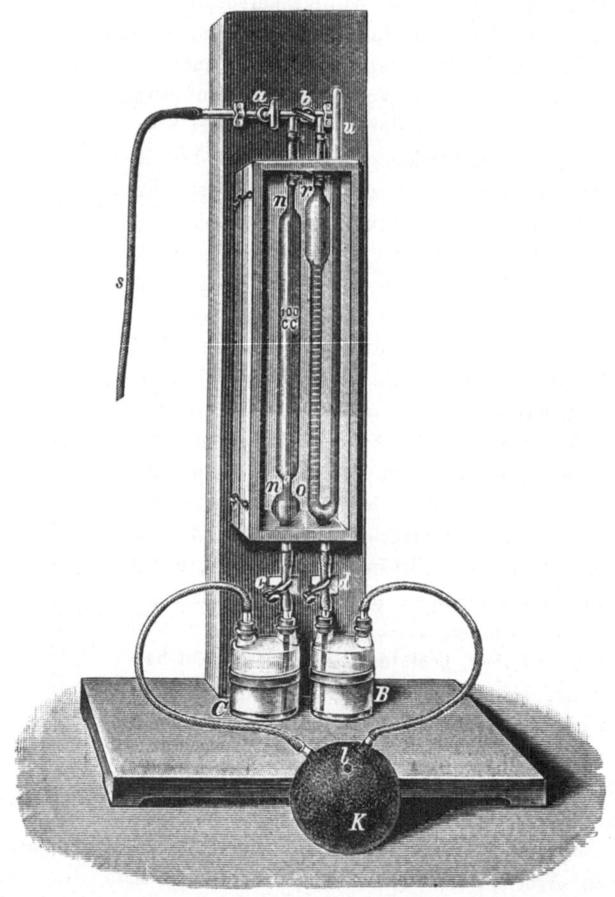

Fig. 28.

sie dient zum Abmessen des zu prüfenden Saturationsgases. Die
andere zweischenklige Röhre r o u (Absorptionsröhre) fasst in dem
Schenkel linker Hand, zwischen den eingeätzten Punkten r und o,
ebenfalls genau 100 ccm und ist von o an nach aufwärts, bis zu dem

angesetzten erweiterten Cylinder, in 40 ccm (mit Unterabtheilungen von je ⅕ ccm) getheilt, was genügt, da erfahrungsmässig der Kohlensäuregehalt der gewöhnlichen Saturationsgase 40 Volumprocente nie übersteigt. Der Schenkel u rechter Hand ist ein gerades, ungetheiltes, oben offenes Glasrohr; es dient als Druckregulator, um ein in dem Schenkel r o eingeschlossenes Gas unter dem Drucke des herrschenden Barometerstandes abmessen zu können. Beide Röhren m n und r o u führen mit ihren unteren Enden, mittelst Kautschukverbindungen, welche Quetschhähne besitzen, in je zweihalsige Flaschen C und B, und zwar bis auf die Böden derselben. Diese Flaschen bilden die verschlossenen Behälter für die in Anwendung kommenden Flüssigkeiten und zwar ist die mit der Vollpipette m n in Verbindung stehende Flasche C mit Wasser, welches vorher ein für alle Mal mit Kohlensäure gesättigt ist*), gefüllt, während die mit der U-förmigen Röhre r o u verbundene Flasche B eine starke Kalilauge**) von etwa 1,25 bis 1,30 spec. Gew. enthält. Die genannten Flüssigkeiten werden durch die nach vorne gerichteten, mit Kautschukstöpsel verschliessbaren Tubulaturen der beiden Woulf'schen Flaschen B und C eingefüllt.

Die oberen Enden m und r der beiden kalibrirten Messröhren sind mit zwei Ausgängen eines am oberen Theile des Holzstativs befestigten dreischenkligen Metallrohrs dicht verbunden, welches die Hähne a und b besitzt. Der letztgenannte Hahn b ist ein sogen. Dreiweghahn, dessen verschiedene Stellungen (welche an der Stellung des Hahnwirbels erkennbar sind) in Fig. 29. I, II, III und IV sich besonders abgebildet finden. Bei der Hahnstellung I steht die Vollpipette m n mit der äussern Luft (durch eine obere freie Ausgangsöffnung im Hahn) in Verbindung; bei der Stellung II kommuniciren die Röhren m n und r o u miteinander, während die obere Ausgangsöffnung verschlossen ist, und bei der Stellung III steht der

---

*) Das hierzu erforderliche kohlensaure Wasser bereitet man sich in der Weise, dass man durch eine genügende Menge von destillirtem Wasser einige Zeit hindurch Kohlensäure (aus Kreide und Salzsäure entwickelt) oder gewöhnliches Saturationsgas leitet. Statt kohlensäuregesättigten Wassers eine gesättigte Kochsalzlösung anzuwenden, ist nicht anzurathen, da letztere keineswegs die Kohlensäure unabsorbirt lässt.

**) Die Anwendung von Natronlauge ist nicht zu empfehlen, wegen der im Laufe der Zeit unvermeidlichen Ausscheidung krystallisirten kohlensauren Natrons, welches die Röhren verstopfen würde.

Schenkel r o der U-förmigen Röhre r o u mit der äusseren Atmosphäre in Verbindung. Giebt man endlich dem Hahnwirbel die in der Stellung IV angegebene Drehung von 45 Grad Neigung, so sind alle Verbindungen gegen einander abgeschlossen. Der dritte Ausgang des oben befestigten Metallrohrs, der den Hahn a trägt, ist mit einem Gummischlauch s verbunden, welcher die Bestimmung hat, das zu untersuchende, Kohlensäure haltende Gas in die Vollpipette m n zu führen. Das freie Ende dieses Schlauches s wird mit einem Gas-Auslasshahn verbunden, der am zweckmässigsten hinter der Kohlensäure-Pumpe an der Leitung nach den sogen. Saturateurs angebracht ist, woselbst dann auch der ganze Apparat seinen dauernden Stand bekommt. Da das Saturationsgas hinter der Pumpe bekanntlich unter Druck steht, so ist es zweckmässig, es beim Nichtgebrauche des Apparates durch den Schlauch s und durch den

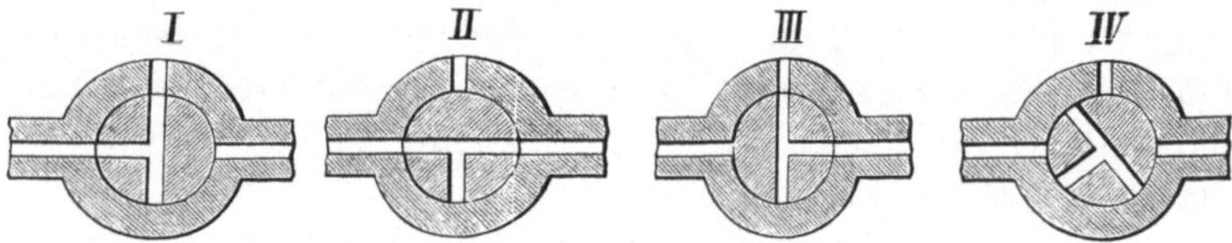

Fig. 29.

Dreiweghahn in der Stellung I fortdauernd austreten zu lassen; man hat alsdann bei Anstellung eines Versuches jederzeit von dem kurz vorher erzeugten Gase zur Untersuchung vor sich, d. h. die Zuleitungsröhren sind damit gefüllt. Der hierdurch bedingte kleine Verlust an Saturationsgas, durch dauernde Ausströmung beim Dreiweghahne, kann nicht in Betracht kommen.

Um die Röhren n n' und r o u beziehentlich mit den in den Flaschen B und C befindlichen Flüssigkeiten bequem füllen zu können, dient eine Kautschukkugel K, welche durch Kautschukröhren mit den Flaschen B und C in Verbindung steht. Drückt man diese Kugel mit der Hand zusammen, während man die kleine Oeffnung l auf derselben mit dem Daumen verschlossen hält, so befindet sich die Luft in beiden Flaschen B und C unter Druck und die darin enthaltenen Flüssigkeiten werden in die Röhren n n' oder r o u aufsteigen, sobald man den Quetschhahn c oder d öffnet. Die Entleerung dieser Röhren erfolgt begreiflich ohne Mithülfe der Kugel K durch einfaches Ablaufenlassen beim Oeffnen der Quetschhähne c und d.

Die Bestimmung der Kohlensäuremenge in einem Saturationsgase geschieht nun mittelst dieses Apparates folgenderweise:

Man füllt zunächst die beiden Röhren n n' und r o u mit den betreffenden in den Flaschen C und B befindlichen Flüssigkeiten genau bis zu den Marken n und r mit Hilfe der Kugel K nacheinander an. Zu dem Ende (beispielsweise um die Vollpipette n n zu füllen) schliesst man den Hahn a, giebt dem Dreiweghahn die Stellung I, öffnet den unteren Quetschhahn c und drückt mit der Hand die Kautschukkugel K zusammen, wodurch die Flüssigkeit in die Röhre n n' tritt, diese von unten nach oben allmählich anfüllend; sobald dann der Flüssigkeitsstand in der Röhre genau die Marke n erreicht hat, schliesst man den Hahn c (oder man kann auch die Flüssigkeit etwas über die Marke n hinausdrücken, bevor man den Quetschhahn c schliesst, um dann durch leises Lüften desselben die Flüssigkeit bis zur Marke wieder abfliessen zu lassen). In gleicher Weise füllt man die zweischenklige Röhre r o u bis zur Marke r genau mit Kalilauge an, indem man dem Dreiweghahn die Stellung III ertheilt, den Quetschhahn d öffnet und die Kugel K zusammenpresst. Demnächst geht man an die Einfüllung des zu prüfenden Gases in die Vollpipette n n'. Zu dem Ende öffnet man den an der Leitung angebrachten Haupthahn, sowie den Hahn a, giebt dem Dreiweghahn b die Stellung I und lässt so lange Gas durch den Kautschukschlauch s hindurch bei b in die Atmosphäre austreten, bis man sicher sein kann, dass der Schlauch s sowohl, wie die obere Metallröhre bei a und b mit dem Gase erfüllt sind. Um jedoch sicher zu sein, dass auch in der Glasröhre n n' oberhalb der Marke n alle Luft ausgetrieben ist, füllt man diese Röhre ein- oder zweimal mit dem Saturationsgase an, um dasselbe durch die obere Auslassöffnung am Dreiweghahn wieder auszublasen, was wie folgt geschieht: Man schliesst nämlich den Dreiweghahn (durch Schrägstellung IV) und öffnet bei offen stehendem Hahn a den unteren Quetschhahn c, worauf sich die Röhre n n' von selbst mit Gas anfüllt; alsdann schliesst man a, öffnet den Dreiweghahn b (Stellung I) und presst die Kugel K zusammen, damit das Gas in die Luft entweichen kann. Ist dies, wie bemerkt, etwa zweimal geschehen, so kann der eigentliche Versuch beginnen.

Man schliesst zu dem Ende den Dreiweghahn (durch Schrägstellung IV), öffnet a und c und lässt so viel des zu prüfenden Gases in die Röhre n n einströmen, dass nicht allein diese selbst, sondern auch noch die unterhalb n' angeblasene kleine Glaskugel damit angefüllt ist, die Sperrflüssigkeit mithin unterhalb dieser Glaskugel steht. Alsdann schliesst man den Hahn a völlig ab und drückt durch Zusammenpressen der Kautschukkugel K, bei offenem Hahn c, die Sperrflüssigkeit genau bis zur Marke n (oder etwas darüber hinaus, um den Ueberschuss ablaufen zu lassen) in die Höhe und schliesst alsdann auch den Hahn c. In Folge dieser letzteren Operation ist das in der Röhre m n eingeschlossene Gas um das Volumen der Glaskugel verdichtet und es genügt alsdann, den Dreiweghahn b nur auf die Dauer von 1 bis 2 Sekunden zu öffnen, um den Gasüberschuss aus der Röhre m n in die Atmosphäre austreten zu lassen, d. h. das in der Röhre m n befindliche Gas mit dem gerade herrschenden Barometerstande in Uebereinstimmung zu setzen*). Ist dies geschehen, so giebt man dem Dreiweghahn die Stellung II, wodurch die Röhre m n in Kommunikation tritt mit der vorher bis genau zur Marke r mit Kalilauge angefüllten Röhre r o u. Man lässt nun durch Oeffnen des Quetschhahnes d die in dem Rohrschenkel u befindliche Kalilauge fast vollständig abfliessen, um so Raum zu gewinnen für die Hinüberdrückung des in der Pipette befindlichen Saturationsgases. Ist dies geschehen, so drückt man bei geöffnetem Quetschhahn c so viel des in m n befindlichen Gases in die Röhre r o u hinüber, als das Steigen der Kalilauge in dem Schenkel u gestattet, ohne Ueberfliessen derselben, lässt hierauf das Gas wieder nach m n zurücktreten u. s. w., d. h. man versetzt durch Drücken und Loslassen der Kugel K die Kalilauge in der Röhre u in eine etwa 10 bis 12 Mal wiederholte auf- und niedersteigende Bewegung, wodurch die Absorption der Kohlensäure in dem Schenkel r o wesentlich beschleunigt wird**). Schliesslich drückt man dann alles Gas, genau bis zur Marke m, in das Absorptionsrohr r o hinüber, schliesst den Quetschhahn c, stellt die Kalilauge in beiden Schenkeln der Röhre r o u nunmehr völlig auf gleiche Höhe ein (durch Abfliessenlassen oder Einpressen von Kalilauge durch den Hahn d), schliesst demnächst auch den Dreiweghahn b (durch Schrägstellung)

---

*) Dies ist für die Genauigkeit der Messung durchaus erforderlich, zu welchem Endzwecke denn auch die, eine Verdichtung des Gases ermöglichende kleine Glaskugel unterhalb n angeblasen ist.

**) Hierbei hat man begreiflich nur Sorge zu tragen, dass die Kalilauge in u nicht zu tief sinkt, wodurch atmosphärische Luft in den Schenkel o r von unten eintreten und der Versuch misslingen würde.

und liest zuletzt den Stand der Kalilauge an der Skale der getheilten
Röhre nach einigem Abwarten ab, nachdem man vorher, wenn nöthig
nochmals, das Niveau der Kalilauge in beiden Schenkeln genau
gleichgestellt hat. Die an der Skale abgelesene Zahl drückt dann
sofort, ohne jedwede weitere Korrektion, den Kohlensäuregehalt des
untersuchten Gases in Volumprocenten aus*).

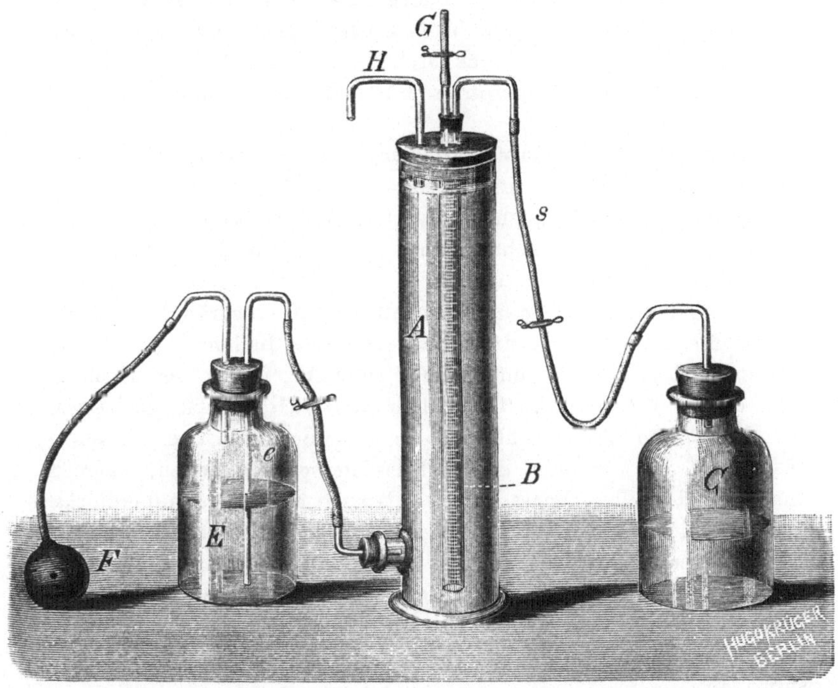

Fig. 30.

Der Apparat von Sidersky zur Bestimmung der Kohlensäure
im Saturationsgas ist eine einfache Modifikation seines Kalcimeters.
Derselbe besteht aus folgenden Theilen:

A, ein ca. 10 cm weiter, unten tubulirter Cylinder, dessen doppelt durchbohrter Stopfen zwei Rohre B und H trägt; von diesen ist

---

*) Anleitung zum Gebrauch des Apparates zur quantitativen volume-
trischen Bestimmung der in Saturationsgasen enthaltenen Kohlensäure
nach Dr. C. Scheibler.

7*

das Gasmessrohr B in der Weise graduirt, dass 25 Theile $= 100$ ccm entsprechen, demnach $1^0 = 4$ ccm, $0{,}1^0 = 0{,}4$ ccm. Der untere Theil von B ist offen, so dass A und B kommuniciren, während der obere Theil in einem doppelt durchbohrten Gummistopfen zwei kurze Glasrohre trägt, von denen das eine G durch Quetschhahn verschliessbar ist, das andere gebogene steht vermittelst Gummischlauch s mit dem Absorptionsgefäss C in Verbindung. Das Absorptionsgefäss C ist durch einen einfach durchbohrten Gummistopfen und Schlauch mit B verbunden. Aus der Druckflasche E kann vermittelst des Druckballons F und des Steigerohres e Wasser nach A hinübergedrückt werden.

Um eine Kohlensäurebestimmung mit diesem Apparat auszuführen, bringt man in die Flasche C ca. 100 ccm Barytwasser, schliesst bei s durch einen Quetschhahn ab, verbindet G mit der Gasleitung und lässt, nachdem man das Wasser in B bis zum 25ten Theilstrich hat abfliessen lassen, so lange das Saturationsgas in B eintreten, bis man sicher ist, sämmtliche Luft verdrängt zu haben. Hierauf schliesst man G, drückt vermittelst des Ballons F das Wasser bis zum Theilstrich 25 und öffnet einen Augenblick den Hahn G, um das in B befindliche Gas unter Atmosphärendruck zu setzen. Durch Oeffnen des Quetschhahnes bei s und Schütteln des Gefässes C lässt man die Absorption der Kohlensäure vor sich gehen, während man in demselben Maasse aus E Wasser nach A hinüberdrückt. Findet bei längerem Schütteln des Absorptionsgefässes kein Steigen des Wassers in der Messröhre B mehr statt, so stellt man in A und B gleiches Niveau her. Die Menge der noch vorhandenen Kubikcentimeter Gas, subtrahirt von 25 und diese Differenz mit 4 multiplicirt, giebt den Procentgehalt des Saturationsgases an Kohlensäure an.

Dreizehntes Kapitel.

Knochenkohle (Spodium).

Schon die äussere Beschaffenheit der Knochenkohle gestattet es, einen ungefähren Schluss auf ihre Qualität und Verwendbarkeit in der Zuckerfabrikation zu ziehen. Gut gebrannte Knochenkohle soll ein tiefschwarzes Aussehen, sowie einen matten, sammetartigen Bruch zeigen; ist die Porosität eine genügende, so muss eine jede Bruchfläche, an die Zunge gehalten, schwach saugend wirken. Kocht man Knochenkohle mit Kali- oder Natronlauge, so soll nach dem Absetzen die überstehende Flüssigkeit vollkommen farblos sein; eine etwaige braune Färbung rührt von unzerstörter organischer Substanz her (Leim, Knorpel).

Die Zusammensetzung einer guten Knochenkohle ist ungefähr die folgende:

Feuchtigkeit . . . . . ca.	7	Procent,
Kohlenstoff . . . . . „	7—8	„
Sand, Thon . . . . . „	2—4	„
Kohlensaurer Kalk . . . „	7—8	„
Phosphorsaurer Kalk . . „	70—75	„
Gyps . . . . „	0,2—0,3	„
Phosphorsaures Eisenoxyd		
und Thonerde . . . „	0,5	„
Phosphorsaure Magnesia . „	0,6—1,0	„

Die Untersuchung der Knochenkohle erstreckt sich gewöhnlich auf ihren Gehalt an: Feuchtigkeit, kohlensaurem Kalk, Gyps, Schwefelkalcium, organischer Substanz, Entfärbungsvermögen etc.

a) **Wasserbestimmung.** 10 g Knochenkohle werden als grobes Pulver bei 120° C. mehrere Stunden bis zum konstanten Gewicht getrocknet.

b) **Bestimmung von Kohlenstoff, Sand und Thon.** 10 g der fein pulverisirten Kohle werden in einer Porzellanschale mit etwas Wasser übergossen und darauf mit ca. 50 ccm koncentrirter Salzsäure eine halbe Stunde auf dem Wasserbade digerirt. Die Schale ist hierbei, um Verluste durch Verspritzen zu vermeiden, mit einer Glasplatte bedeckt zu halten. Man filtrirt nun durch ein vorher getrocknetes Filter von bekanntem Aschengehalt und wäscht so lange mit heissem Wasser aus, bis die saure Reaktion des Filtrates verschwunden ist. Das Filter mit Inhalt wird nunmehr im Filtertrockengläschen bis zum konstanten Gewicht getrocknet und gewogen. Man verascht darauf und subtrahirt von dem vorher ermittelten Gesammtgewicht [Kohlenstoff + Sand (Thon)] das Gewicht von Sand (Thon) + Filterasche und erhält so das Gewicht des Kohlenstoffs in 10 g Substanz.

Das Filtrat, zum Liter aufgefüllt, dient zur Bestimmung von Gyps, Schwefelkalcium, Eisenoxyd und Thonerde, Kalk und Magnesia, Phosphorsäure.

c) **Bestimmung des schwefelsauren Kalkes** (Gyps). 20 ccm des obigen Filtrates (= 2 g Substanz) werden zum Sieden erhitzt und mit einem geringen Ueberschuss von Chlorbaryum versetzt, der Niederschlag von schwefelsaurem Baryt wird nach dem Absetzen durch ein quantitatives Filter filtrirt und in bekannter Weise zur Wägung gebracht. Durch Multiplikation des erhaltenen Gewichtes, abzüglich Filterasche, mit dem Faktor 0,583 erhält man das Gewicht des schwefelsauren Kalkes.

NB. Die regelmässige Prüfung der Knochenkohle auf Gypsgehalt und die Entfernung desselben durch Behandeln mit Sodalösung ist doppelt wichtig, da Gyps die Krystallisation des Zuckers stark beeinflusst und beim Glühen der Kohle zu bedeutenden Verlusten führt, indem der schwefelsaure Kalk durch die Einwirkung des Kohlenstoffs zu Schwefelkalcium reducirt wird und Kohlenstoff in Form von Kohlenoxydgas entweicht

$$CaSO_4 + 4C = CaS + 4CO.$$

Ausserdem wirkt das dabei gebildete Schwefelkalcium dadurch nachtheilig, dass es in Berührung mit Metallen gefärbte Verbindungen liefert, welche den Werth des Produktes herabdrücken. Es ist daher auch die Bestimmung des Schwefelkalciums von Wichtigkeit.

d) **Bestimmung des Schwefelkalciums.** Man verfährt hierbei so, dass man die Menge des Gesammtschwefels feststellt durch Oxydation mit rauchender Salpetersäure oder mit Salzsäure und chlorsaurem Kali und von dem Gesammtschwefel, der als schwefelsaurer Baryt gefällt wird, den in Form von Gyps vorhandenen subtrahirt. Es ergiebt sich hieraus durch Rechnung leicht der Gehalt an Schwefelkalcium.

e) **Bestimmung des Zuckergehaltes.** Man entnimmt eine nicht zu geringe Durchschnittsprobe, deren Wassergehalt bestimmt werden muss, kocht dieselbe wiederholt mit heissem Wasser aus, dampft die vereinigten Filtrate auf 100 ccm ein und polarisirt. Das Resultat wird auf Trockensubstanz umgerechnet.

f) **Bestimmung des kohlensauren Kalkes.** Die Knochenkohle nimmt während der Filtration aus den Säften kohlensauren Kalk auf, welcher allmählich die Poren der Kohle verstopft und sie auf diese Art unwirksam macht. Durch Auswaschen der Kohle mit Salzsäure muss dieser Kalküberschuss bis auf einen Gehalt von 7 Procent entfernt werden, ohne das als normalen Bestandtheil vor-

CELS
0
1
2
3
4
5
6
7
8
9
10
11
12
13
14
15
16
17
18
19
20
21
22
23
24
25
a
D
n
m
u
u
P
T
r
v
E
B
K
G
A
s
W

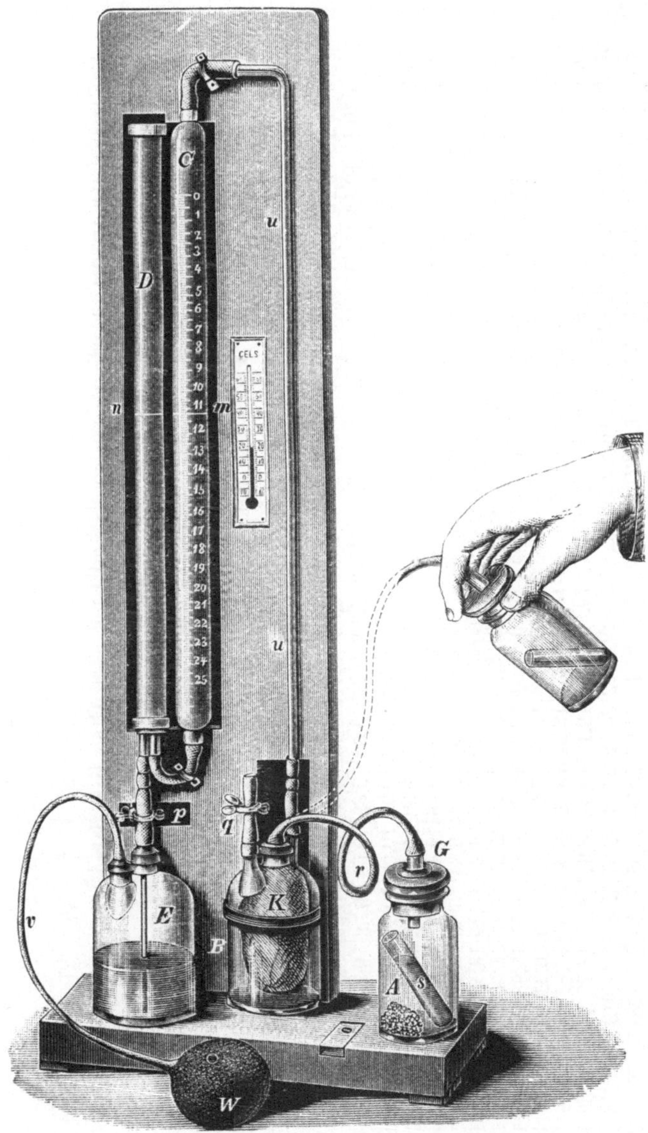

Fig. 31.

Tabelle

zur procentischen Bestimmung des kohlensauren Kalkes in der Knochenkohle aus dem Volum der Kohlensäure.

Abgelesenes Volum	Bei den Temperaturen (nach Celsius):																		
	12 Grad	13 Grad	14 Grad	15 Grad	16 Grad	17 Grad	18 Grad	19 Grad	20 Grad	21 Grad	22 Grad	23 Grad	24 Grad	25 Grad	26 Grad	27 Grad	28 Grad	29 Grad	30 Grad
1	0,80	0,80	0,79	0,79	0,79	0,78	0,78	0,77	0,77	0,77	0,76	0,76	0,76	0,75	0,75	0,74	0,74	0,73	0,73
2	1,88	1,87	1,86	1,86	1,85	1,84	1,83	1,82	1,81	1,80	1,79	1,79	1,78	1,77	1,76	1,75	1,74	1,73	1,72
3	2,95	2,94	2,92	2,91	2,90	2,89	2,87	2,86	2,85	2,83	2,82	2,80	2,79	2,77	2,76	2,74	2,73	2,72	2,71
4	4,01	4,00	3,98	3,96	3,94	3,93	3,91	3,89	3,87	3,85	3,83	3,81	3,79	3,77	3,75	3,73	3,71	3,70	3,68
5	5,07	5,05	5,03	5,00	4,98	4,96	4,93	4,91	4,89	4,86	4,84	4,81	4,79	4,76	4,74	4,71	4,69	4,67	4,65
6	6,11	6,09	6,06	6,03	6,01	5,98	5,95	5,92	5,89	5,86	5,83	5,81	5,78	5,75	5,71	5,68	5,65	5,63	5,61
7	7,14	7,12	7,09	7,06	7,02	6,99	6,96	6,92	6,89	6,86	6,82	6,79	6,75	6,72	6,68	6,65	6,61	6,58	6,56
8	8,17	8,14	8,11	8,07	8,03	8,00	7,96	7,92	7,88	7,84	7,80	7,76	7,72	7,68	7,64	7,60	7,56	7,53	7,49
9	9,19	9,16	9,12	9,07	9,03	8,99	8,95	8,90	8,86	8,82	8,77	8,73	8,68	8,64	8,59	8,55	8,50	8,46	8,42
10	10,20	10,16	10,12	10,07	10,02	9,98	9,93	9,88	9,83	9,79	9,73	9,68	9,63	9,58	9,53	9,48	9,43	9,39	9,34
11	11,20	11,15	11,10	11,05	11,00	10,95	10,89	10,84	10,79	10,74	10,68	10,63	10,57	10,52	10,46	10,41	10,35	10,30	10,25
12	12,20	12,15	12,09	12,03	11,98	11,92	11,87	11,81	11,75	11,69	11,64	11,58	11,52	11,46	11,40	11,33	11,27	11,22	11,16
13	13,20	13,14	13,08	13,02	12,96	12,90	12,84	12,78	12,72	12,65	12,59	12,53	12,46	12,40	12,33	12,26	12,20	12,14	12,07
14	14,20	14,14	14,07	14,01	13,94	13,88	13,81	13,75	13,68	13,61	13,54	13,48	13,41	13,34	13,26	13,19	13,12	13,05	12,99
15	15,20	15,13	15,06	14,99	14,92	14,85	14,78	14,71	14,64	14,57	14,50	14,42	14,35	14,27	14,20	14,12	14,04	13,97	13,90
16	16,20	16,13	16,05	15,98	15,91	15,83	15,76	15,68	15,61	15,53	15,45	15,37	15,29	15,21	15,13	15,05	14,97	14,89	14,81
17	17,20	17,12	17,04	16,97	16,89	16,81	16,73	16,65	16,57	16,49	16,41	16,32	16,24	16,15	16,07	15,98	15,89	15,81	15,72
18	18,20	18,12	18,03	17,95	17,87	17,79	17,70	17,62	17,53	17,45	17,36	17,27	17,18	17,09	17,00	16,91	16,82	16,73	16,63
19	19,20	19,11	19,03	18,94	18,85	18,76	18,67	18,59	18,50	18,40	18,31	18,22	18,13	18,03	17,94	17,84	17,74	17,64	17,55
20	20,20	20,11	20,02	19,93	19,83	19,74	19,65	19,55	19,46	19,36	19,27	19,17	19,07	18,97	18,87	18,77	18,66	18,56	18,46
21	21,20	21,10	21,01	20,91	20,81	20,72	20,62	20,52	20,42	20,32	20,22	20,12	20,01	19,91	19,80	19,70	19,59	19,48	19,37
22	22,20	22,10	22,00	21,90	21,80	21,70	21,59	21,49	21,39	21,28	21,17	21,07	20,96	20,85	20,74	20,63	20,51	20,40	20,28
23	23,20	23,09	22,99	22,88	22,78	22,67	22,56	22,46	22,35	22,24	22,13	22,02	21,90	21,79	21,67	21,55	21,44	21,31	21,20
24	24,20	24,09	23,98	23,87	23,76	23,65	23,54	23,43	23,31	23,20	23,08	22,97	22,85	22,73	22,61	22,48	22,36	22,23	22,11
25	25,20	25,08	24,97	24,86	24,74	24,63	24,51	24,39	24,28	24,16	24,04	23,91	23,79	23,67	23,54	23,41	23,28	23,15	23,02

handene Kalciumphosphat anzugreifen. Um die dazu nöthige Menge
Salzsäure berechnen zu können, muss der Gehalt an Kalciumkarbonat
bekannt sein.

Die Bestimmung des letzteren geschieht mit dem von Scheibler
angegebenen Apparat auf folgende Art:

Man bringt die abgewogene Menge der fein pulverisirten Knochenkohle (= 1,7 g) ohne Verlust in die Entwickelungsflasche A, füllt
den Kautschukcylinder S ungefähr zur Hälfte mit koncentrirter Salzsäure (spec. Gew. 1,15) und setzt ihn behutsam mit einer Pincette
in die Flasche A, ohne dass dabei etwas verschüttet wird. Hierauf
füllt man mit Hilfe des Druckballons W der Wulff'schen Flasche E
die beiden kommunicirenden Röhren D und C von unten her mit
Wasser, so dass bei gleichem Niveau die Flüssigkeit in der kalibrirten Röhre C (dieselbe ist in 25 Grade getheilt, von denen jeder
= 4 ccm entspricht) auf 0^0 steht. Um beim Füllen die in C vor-
handene Luft entweichen zu lassen, muss man vorher den Quetschhahn q öffnen. Nun setzt man den an dem Gummischlauch r befestigten Glasstopfen, welcher mit etwas Fett bestrichen wird, auf
das Entwickelungsgefäss A und schliesst den Quetschhahn q. Man
fasst die Flasche A am oberen Theil mit zwei Fingern, um eine
Erwärmung zu vermeiden, neigt dieselbe, so dass die Salzsäure sich
über die Substanz ergiesst. Die dabei entwickelte Kohlensäure steigt
durch r in die Kautschukblase K und verdrängt einen äquivalenten
Theil der in B enthaltenen Luft, welche den Wasserstand in C her-
abdrückt. Durch Ablassen von Wasser nach E stellt man stets annähernd gleiches Niveau in beiden Schenkeln her und schüttelt A
so lange, bis keine weitere Entwickelung mehr beobachtet wird.
Unter Berücksichtigung der Temperatur kann der Gehalt an kohlensaurem Kalk aus der vorstehenden, von Scheibler berechneten Tabelle
leicht ermittelt werden.

Da die Knochenkohle häufig Aetzkalk enthält, würde der Gehalt
an zu entfernendem Kalk, nach dieser Methode bestimmt, sich zu
niedrig ergeben; es ist daher zweckmässig, die gepulverte Substanz
vorher mit einer Lösung von kohlensaurem Ammon zu durchfeuchten
und darauf zu trocknen. Ein Gehalt von Schwefelkalcium erhöht das
Resultat, indem neben CO_2 auch H_2S entweicht; jedoch wird dieser
Fehler gewöhnlich vernachlässigt. Die zur Entfernung des über-
schüssigen Kalciumkarbonates erforderliche Salzsäuremenge ergiebt

Tabelle

Grade nach Beaumé	Specifisches Gewicht bei + 15° Cels.	Gehalt an Salzsäuregas in Procenten	Löst kohlensauren Kalk in Procenten	Salzsäure-Mengen, welche zur Auflösung von je 1, 2 … bis 9 Theilen kohlensaurer Kalkerde erforderlich sind								
				1.	2.	3.	4.	5.	6.	7.	8.	9.
25	1,210	42,4	58,088	1,7217	3,4434	5,1651	6,8868	8,6085	10,3302	12,0519	13,7736	15,4953
24,5	1,205	41,2	56,444	1,7718	3,5437	5,3155	7,0874	8,8592	10,6310	12,4029	14,1747	15,9466
24	1,199	39,8	54,526	1,8342	3,6683	5,5025	7,3367	9,1709	11,0050	12,8392	14,6734	16,5075
23,5	1,195	39,0	53,430	1,8718	3,7436	5,6154	7,4872	9,3590	11,2308	13,1026	14,9744	16,8462
23	1,190	37,9	51,923	1,9261	3,8522	5,7784	7,7045	9,6306	11,5567	13,4828	15,4090	17,3351
22,5	1,185	36,8	50,416	1,9837	3,9674	5,9511	7,9348	9,9185	11,9022	13,8859	15,8696	17,8533
22	1,180	35,7	48,909	2,0448	4,0896	6,1344	8,1792	10,2240	12,2688	14,3136	16,3584	18,4032
21,5	1,175	34,7	47,539	2,1037	4,2075	6,3112	8,4150	10,5187	12,6224	14,7262	16,8299	18,9337
21	1,171	33,9	46,443	2,1534	4,3068	6,4602	8,6136	10,7670	12,9204	15,0738	17,2272	19,3806
20,5	1,166	33,0	45,210	2,2121	4,4242	6,6363	8,8484	11,0605	13,2726	15,4847	17,6968	19,9089
20	1,161	32,0	43,840	2,2813	4,5625	6,8438	9,1250	11,4063	13,6875	15,9688	18,2500	20,5313
19,5	1,157	31,2	42,744	2,3397	4,6795	7,0192	9,3590	11,6987	14,0384	16,3782	18,7179	21,0577
19	1,152	30,2	41,374	2,4172	4,8344	7,2517	9,6689	12,0861	14,5033	16,9205	19,3378	21,7550
18	1,143	28,4	38,908	2,5704	5,1408	7,7113	10,2817	12,8521	15,4225	17,9929	20,5634	23,1338
17	1,134	26,6	36,442	2,7444	5,4887	8,2331	10,9774	13,7218	16,4662	19,2105	21,9549	24,6992
16	1,125	24,8	33,976	2,9436	5,8871	8,8307	11,7742	14,7178	17,6613	20,6049	23,5484	26,4920
15	1,116	23,1	31,647	3,1602	6,3203	9,4805	12,6407	15,8009	18,9610	22,1212	25,2814	28,4415
14	1,108	21,5	29,455	3,3954	6,7907	10,1861	13,5814	16,9768	20,3721	23,7675	27,1628	30,5582
13	1,100	19,9	27,263	3,6683	7,3367	11,0050	14,6734	18,3417	22,0100	25,6785	29,3467	33,0151

sich aus der vorstehenden Tabelle. (7 Procent werden hierbei als normal angenommen.)

Zur Beurtheilung der Entfärbungskraft behandelt man gleiche Mengen einer Melasselösung von bekannter Farbe während derselben Zeitdauer mit gleichen Theilen einer neuen wirksamen und der zu untersuchenden Knochenkohle. Aus dem Farbenunterschiede der beiden filtrirten Lösungen lässt sich die Wirksamkeit des Spodiums leicht annähernd ermitteln.

Gewöhnlich wird im Fabrikbetrieb die Knochenkohle nur auf Feuchtigkeit, kohlensauren Kalk und Gyps untersucht. Bei einer vollständigen Analyse bezieht man die Kohlensäure und Schwefelsäure auf Kalk, die Magnesia, sowie den Rest von Kalk auf Phosphorsäure, während man Wasser, Sand, Kohlenstoff, Kieselsäure, phosphorsaures Eisenoxyd und Thonerde als solche anführt.

Vierzehntes Kapitel.

Kalkstein.

Der Kalkstein enthält neben Kalciumkarbonat gewöhnlich Magnesiumkarbonat, Gyps, Alkalien in Form von Silikaten, Sand und Thon. Werthvoll für die Zwecke der Zuckerfabrikation ist nur der Gehalt an Kalciumkarbonat, direkt schädlich ein nennenswerther Procentsatz von Gyps und Alkalien. Die Resultate der Analyse bezieht man auf wasserfreie Substanz.

a) **Bestimmung von Sand und Thon.** ca. 5 g der fein gepulverten lufttrockenen Substanz werden in einem bedeckten Becherglase mit Salzsäure übergossen und mehrere Minuten gekocht; den unlöslichen Rückstand bringt man auf ein quantitatives Filter von bekanntem Aschengehalt, wäscht mit heissem Wasser aus, glüht und wägt.

b) **Bestimmung der löslichen Kieselsäure.** Das von a) resultirende Filtrat wird auf dem Wasserbad am besten in einer Platinschale zur völligen Trockne abgedampft, mit etwas Salzsäure durchfeuchtet und nochmals abgedampft, der Rückstand auf ein quantitatives Filter gebracht und mit heissem Wasser ausgewaschen, bis eine Probe des Filtrates auf Platinblech keinen Rückstand mehr hinterlässt, darauf geglüht und gewogen.

c) Das Filtrat von b) füllt man zu 250 ccm auf und bestimmt zunächst in einem aliquoten Theil Eisenoxyd und Thonerde (neben Spuren von Phosphaten). Man digerirt die Lösung hierzu mit einigen Tropfen Salpetersäure und versetzt mit Ammoniak in geringem Ueberschuss. Die heisse Flüssigkeit wird filtrirt, der Niederschlag geglüht und gewogen.

d) Bestimmung des Kalks. Man verwendet hierzu entweder das Filtrat von Eisenoxyd und Thonerde, indem man dasselbe mit Essigsäure und oxalsaurem Ammon versetzt und den Niederschlag von oxalsaurem Kalk gewichtsanalytisch bestimmt, oder man berechnet aus der Menge der durch Zersetzung mit Salzsäure erhaltenen Kohlensäure den Betrag an kohlensaurem Kalk. Zu berücksichtigen ist jedoch bei der letzteren Methode, dass das Resultat durch die Anwesenheit von Magnesiumkarbonat etwas zu hoch ausfallen muss; sind grössere Mengen von Magnesia vorhanden, so ist dieses Verfahren daher nicht anwendbar. Die Bestimmung der Kohlensäure geschieht vermittelst des Scheibler'schen Apparates (beschrieben unter Knochenkohle S. 105) durch Zersetzung von etwa 0,3 g des fein gepulverten Kalksteines. Zu dem abgelesenen Volum addirt man stets den Faktor 0,8 zur Berücksichtigung der von der Salzsäure absorbirten Kohlensäuremenge und erfährt das Resultat aus der folgenden Scheibler'schen Tabelle:

Eine genauere Bestimmung des Kalciumkarbonates ist die, dass man das Gewicht der Kohlensäure ermittelt und dieselbe auf kohlensauren Kalk durch Multiplikation mit dem Faktor 2,273 umrechnet.

Tabelle zur Berechnung des Gewichts des kohlen

Abgelesenes um 0,8 vergrössertes Volum (m + 0,8)	Bei den Tem						
	14 Grad g	15 Grad g	16 Grad g	17 Grad g	18 Grad g	19 Grad g	20 Grad g
1	0,016845	0,016769	0,016691	0,016613	0,016535	0,016456	0,016376
2	0,033691	0,033537	0,033382	0,033227	0,033070	0,032912	0,032752
3	0,050536	0,050306	0,050074	0,049840	0,049605	0,049368	0,049129
4	0,067381	0,067074	0,066765	0,066453	0,066140	0,065824	0,065505
5	0,084227	0,083843	0,083456	0,083067	0,082675	0,082280	0,081881
6	0,101072	0,100611	0,100147	0,099680	0,099210	0,098735	0,098257
7	0,117917	0,117380	0,116838	0,116293	0,115745	0,115191	0,114633
8	0,134762	0,134148	0,133530	0,132906	0,132280	0,131647	0,131010
9	0,151608	0,150917	0,150221	0,149520	0,148815	0,148103	0,147386
10	0,168453	0,167685	0,166912	0,166133	0,165350	0,164559	0,163762
20	0,336906	0,335370	0,333824	0,332266	0,330700	0,329118	0,327524

Die Zersetzung des fein gepulverten Kalksteins nimmt man in diesem Falle am bequemsten in dem Geissler'schen Kohlensäureapparat vor.

e) **Bestimmung der Schwefelsäure** (Gyps). Man löst ca. 5 g Kalksteinpulver in einem geringen Ueberschuss von Salzsäure auf und versetzt die filtrirte heisse Lösung mit Chlorbaryum. Aus dem Gewicht des Baryumsulfates ergiebt sich die entsprechende Menge Gyps durch Multiplikation mit 0,5837.

f) **Die Bestimmung der Magnesia** kann in einem Theil des Filtrates von a) vorgenommen werden, nachdem vorher Eisenoxyd und Thonerde durch Ammoniak und der Kalk durch oxalsaures Ammon ausgefällt sind. Man giebt dann zu der stark ammoniakalischen und mit Salmiak versetzten Lösung einen Ueberschuss von phosphorsaurem Natron und bringt die Magnesia in Form von $Mg_2P_2O_7$ zur Wägung.

g) **Bestimmung der Alkalien.** ca. 20 g des Kalksteins werden in Salzsäure gelöst, wobei ein zu grosser Ueberschuss derselben vermieden werden muss. In dieser mit Ammoniak versetzten Lösung wird der Kalk durch kohlensaures Ammon ausgefällt. Man filtrirt, wäscht mit heissem Wasser aus und dampft das Filtrat in einer Platinschale zur Trockne ein, nimmt den Rückstand mit heissem Wasser auf, filtrirt nochmals und dampft zum zweiten Male zur Trockne ein. Nachdem man gelinde geglüht, lässt man die Schale im Exsikkator erkalten und wägt den Rückstand als Chlorkalium.

sauren Kalkes aus dem Volum der Kohlensäure.

peraturen (nach Cels.):

21 Grad	22 Grad	23 Grad	24 Grad	25 Grad	26 Grad	27 Grad	28 Grad
g	g	g	g	g	g	g	g
0,016296	0,016214	0,016132	0,016049	0,015965	0,015880	0,015794	0,015707
0,032591	0,032429	0,032265	0,032099	0,031931	0,031761	0,031589	0,031414
0,048887	0,048643	0,048397	0,048148	0,047896	0,047641	0,047383	0,047121
0,065183	0,064858	0,064529	0,064197	0,063862	0,063522	0,063177	0,062828
0,081479	0,081072	0,080662	0,080247	0,079827	0,079402	0,078972	0,078536
0,097774	0,097286	0,096794	0,096296	0,095792	0,095282	0,094766	0,094243
0,114070	0,113501	0,112926	0,112345	0,111758	0,111163	0,110560	0,109950
0,130366	0,129715	0,129058	0,128394	0,127723	0,127043	0,126354	0,125657
0,146661	0,145930	0,145191	0,144444	0,143689	0,142924	0,142149	0,141364
0,162957	0,162144	0,161323	0,160493	0,159654	0,158804	0,157943	0,157071
0,325914	0,324288	0,322646	0,320986	0,319308	0,317608	0,315886	0,314142

Bemerkung. Der zur Scheidung der Säfte angewendete Aetzkalk resp. die Kalkmilch wird gewöhnlich nicht besonders untersucht, da man aus der Analyse des Kalksteins genügend Anhaltspunkte für die Qualität des Aetzkalks hat. Man begnügt sich damit, mittelst einer Baumé-Spindel die Koncentration der Kalkmilch festzustellen und erfährt dann den entsprechenden Kalkgehalt aus der folgenden Tabelle von Lunge. (Temperatur 15° C.)

Grade Bé.	Gramm CaO in 1 Lit.	Gewichts-procente CaO	Grade Bé.	Gramm CaO in 1 Lit.	Gewichts-procente CaO	Grade Bé.	Gramm CaO in 1 Lit.	Gewichts-procente CaO	Grade Bé.	Gramm CaO in 1 Lit.	Gewichts-procente CaO
1	7,5	0,745	8	75,0	7,08	15	148,0	13,26	23	242,0	20,34
2	16,5	1,64	9	84,0	7,87	16	159,0	14,13	24	255,0	21,35
3	26,0	2,54	10	94,0	8,74	17	170,0	15,00	25	268,0	22,15
4	36,0	3,50	11	104,0	9,60	18	181,0	15,85	26	281,0	23,03
5	46,0	4,43	12	115,0	10,54	19	193,0	16,75	27	295,0	23,96
6	56,0	5,36	13	126,0	11,45	20	206,0	17,72	28	309,0	24,90
7	65,0	6,18	14	137,0	12,35	21	218,0	18,61	29	324,0	25,87
						22	229,0	19,40	30	339,0	26,84

Bei der Untersuchung dickflüssiger Kalkmilch mittelst des Aräometers hat man nach Blattner die Vorsicht zu beobachten, dass der zur Aufnahme derselben dienende Standcylinder im Verhältniss zur Spindel nicht zu eng gewählt wird und man beim Einsenken der Spindel in die Kalkmilch den Cylinder in einer schwachen drehenden Bewegung erhält. Man liest erst dann die Aräometeranzeige ab, sobald das Instrument nicht weiter einsinkt.

Fünfzehntes Kapitel.

Rauchgase.

Es ist für jeden Fabrikbetrieb von nicht zu unterschätzender Wichtigkeit, sich fortlaufend darüber zu vergewissern, dass die Kesselheizung in rationeller Weise geschieht, d. h. dass bei möglichst vollständiger Ausnutzung des Heizmaterials ein Maximum von Wärme erzielt wird. Es ist dies um so mehr der Fall, je geringer der Luftüberschuss ist, der bei vollständiger Verbrennung in Anwendung kommt. Gut geleitete Feuerungsanlagen sollen Verbrennungsgase erzeugen, die im Durchschnitt nicht mehr als etwa 8 Procent Sauerstoff enthalten.

Die Rauchgase bestehen im Wesentlichen nur aus Kohlensäure (ca. 15—18 Procent), Sauerstoff, Stickstoff und Wasserstoff, Kohlenoxydgas; schwere Kohlenwasserstoffe, Sumpfgas, schweflige Säure etc. kommen in der Regel nur in geringer Menge vor.

Bei der Analyse der Rauchgase verfährt man so, dass man dem Gasgemisch in geeigneten Apparaten durch verschiedene Absorptionsmittel den betreffenden Bestandtheil entzieht; aus der dabei beobachteten Volumverminderung erfährt man dann leicht den Procentgehalt. Als Absorptionsmittel für die wichtigsten Bestandtheile: Kohlensäure, Sauerstoff, Kohlenoxyd dienen koncentrirte Lösungen von Aetzkali, pyrogallussaurem Kali und Kupferchlorür. Die zur Absorption der Kohlensäure angewendete Kalilauge wird erhalten durch Auflösen von 1 Theil käufl. Kalihydrat in 2 Theilen Wasser. Als Absorptionsmittel für Sauerstoff dient in der Regel eine alkalische Lösung von Pyrogallussäure, welche Hempel durch Mischen von 1 Vol. einer 25 procentigen Lösung von Pyrogallussäure mit 6 Vol. einer etwa 60 procentigen Kalilauge herstellt. Die zur Absorption des Kohlenoxydgases bestimmte Lösung erhält man am einfachsten, indem man nach Aron's Vorschrift ein Gemisch von gleichen Theilen gesättigter Salmiaklösung und Ammoniak mit Kupferdrehspähnen so lange schüttelt, bis die Flüssigkeit sich dunkelblau gefärbt hat.

Von den vielen Konstruktionen der gebräuchlichen Absorptionsapparate und ihrer Modifikationen sollen hier nur der Orsat'sche und die Franke'sche Gasbürette beschrieben werden.

1. **Der Orsat'sche Apparat** besteht aus einem Gasmessrohr A, welches an seinem unteren verengten Theile eine in halbe Kubikcentimeter von 0—40 getheilte Skala trägt und, um Temperaturschwankungen zu vermeiden, von einem mit Wasser gefüllten Glasmantel umgeben ist. Das untere Ende der Bürette A steht durch einen Gummischlauch mit der Aspiratorflasche E in Verbindung; durch Heben und Senken dieser mit Wasser gefüllten Flasche kann man die Gasbürette A mit Wasser füllen, leeren und dadurch das Gasgemisch nach A ansaugen, resp. das in derselben enthaltene Gas in die obere Leitung drücken. Der obere Theil von A mündet in ein rechtwinklig dazu gerichtetes Rohr von Glas oder Rothguss, welches drei mit den Hähnen a, b, c versehene Stutzen trägt; diese Hähne ermöglichen die Kommunikation mit den Absorptionsgefässen B, C, D, von denen jedes wiederum mit einem ebenso geformten Reservoir in Verbindung steht (B_1, C_1, D_1).

Die Absorptionsgefässe sind, um der Absorptionsflüssigkeit eine
möglichst grosse Oberfläche zu geben, mit vielen engen Glasröhrchen
angefüllt. (In der Figur der Deutlichkeit wegen nur einige ange-
deutet.) Das vorher erwähnte horizontale Rohr trägt an seinem Ende
ein U-förmig gebogenes Rohr e, dessen Schenkel zur Filtration der
durch f eintretenden Rauchgase mit Baumwolle angefüllt sind, während
in der Biegung desselben sich eine Wasserschicht befindet. Zwischen
der Biegung des horizontalen Rohres und dem Hahne c ist dasselbe
mit einem Winkler'schen Dreiweghahn d versehen, durch welchen

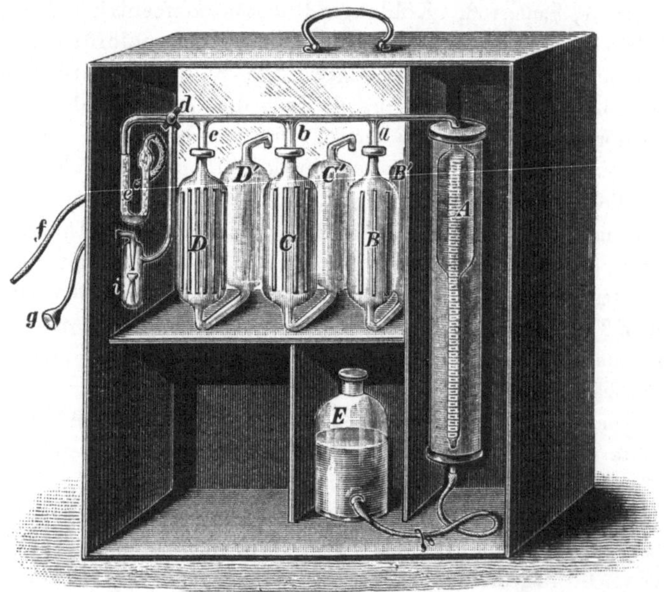

Fig. 32.

man das Rohr und damit den ganzen Apparat sowohl mit dem zur
Gasleitung führenden Schlauch f wie mit dem Luftinjektor i in Verbindung setzen kann. Der Injektor hat den Zweck, vor der Benutzung des Apparates die in der Rohrleitung f enthaltene Luft aus-
zupumpen; dies bewirkt man dadurch, dass man in das an einem
Gummischlauch hängende Mundstück g kräftig hineinbläst.

Die Arbeitsweise mit dem Orsat'schen Apparat ist die folgende:
Es sind zunächst die Absorptionsflüssigkeiten aus den hinten ge-
legenen Reservoirs nach B, C, D zu bringen, was man auf nach-

stehende Art bewirkt. Man schliesst die Hähne a, b, c, füllt die Bürette A mit Wasser, indem man dem Dreiweghahn eine solche Stellung giebt, dass A mit der äusseren Luft kommunicirt, hebt Flasche E und schliesst Hahn d gegen die Atmosphäre ab; hierauf senkt man wieder Flasche E, öffnet Hahn a, wodurch das Wasser aus der Bürette nach E abfliesst und in B ein luftverdünnter Raum entsteht. Der Luftdruck treibt hierbei die Absorptionsflüssigkeit aus dem Reservoir nach B; man schliesst a in dem Moment, wo die Flüssigkeit genau bis zur Marke reicht. In gleicher Weise werden die Gefässe C und D gefüllt. Es ist nun vermittelst des Injektors i die Luft aus der Leitung zu entfernen, was in der oben angedeuteten Art geschieht. Hierauf verbindet man Rohr e durch f mit der Gasleitung und giebt dem Dreiweghahn eine solche Stellung, dass die gefüllte Bürette A mit der Atmosphäre und der Gasleitung in Verbindung steht. Durch wiederholtes Heben und Senken der Flasche E spült man die Bürette A wie auch die Leitung solange mit dem Rauchgas aus, bis man sicher ist, die Luft vollständig verdrängt zu haben.

Nachdem das Wasser in A wieder zur Marke eingestellt ist, richtet man den Dreiweghahn so, dass A sowie die Gasleitung von der Atmosphäre abgeschlossen sind, also die Leitung des Rauchgases nur mit der Bürette A kommunicirt. Durch Oeffnen des vor E befindlichen Quetschhahns und Senken der Aspiratorflasche füllt man die Bürette mit dem zu untersuchenden Gase bis etwas unterhalb der Marke (100 ccm), worauf man dieselbe von der Gasleitung und der Atmosphäre abschliesst. Erst jetzt stellt man die Flüssigkeit genau auf den Nullpunkt ein und lässt den Ueberdruck durch einmaliges schnelles Oeffnen von D in die Atmosphäre entweichen. Nunmehr wird Hahn a geöffnet und durch Heben der Flasche E das Gas nach B gedrückt, in welchem Gefäss sich Kalilauge befindet.

Diese Operation wiederholt man mehrere Mal und hält E schliesslich in solcher Höhe, dass das Niveau des Wassers mit der an B befindlichen Marke abschneidet. Hahn a wird dann geschlossen und der Flüssigkeitsstand in A abgelesen. Differenz zu 100 ergiebt den Procentgehalt an Kohlensäure. In dem Rest des Gasgemisches bestimmt man nach einander auf die gleiche Art den Gehalt an freiem Sauerstoff und Kohlenoxydgas; das dann noch übrigbleibende Gasvolum berechnet man als Stickstoff. Die Absorptionsflüssigkeiten kann man am besten vor dem Verderben schützen, indem man in die hinteren Reservoirs etwas Solaröl giesst, wodurch die atmosphärische Luft von denselben abgehalten wird. Es reichen dann die Flüssigkeiten für mehrere Hundert Analysen aus.

2. **Die Franke'sche Gasbürette** zur Ausführung von Rauchgasanalysen hat vor dem Orsat'schen Apparat den Vorzug grösserer Einfachheit in ihrer Konstruktion und Handhabung.

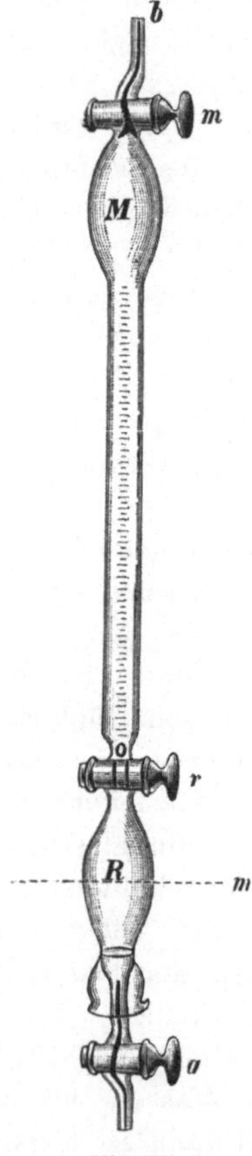

Fig. 33.

Die Gasbürette besteht aus dem Messraum M, dessen unterer cylindrischer Theil in ganze und halbe Kubikcentimeter graduirt ist, und dem zur Aufnahme des Absorptionsmittels dienenden Raum R; die Verbindung zwischen beiden kann durch den mit einer weiten doppelten Bohrung versehenen Glashahn r hergestellt werden. Der Inhalt des Messraumes M zwischen den beiden Hähnen m und r beträgt genau 100 ccm. In eine am unteren Ende des Raumes R befindliche Einschnürung kann luftdicht schliessend der Glashahn a eingesetzt werden.

Die Ausführung der Gasanalyse vermittelst der Franke'schen Bürette gestaltet sich wie folgt: Man füllt die Bürette zunächst vollständig mit Wasser (Raum M und R), verbindet die Spitze b mit der Gasleitung und lässt von dem Gas ungefähr soviel in die Bürette eintreten, dass der Raum R zur Hälfte gefüllt ist; hierauf schliesst man die Hähne m und r, entfernt das Wasser in R, um R vollständig mit dem betreffenden Absorptionsmittel anzufüllen.

Um hierbei die sämmtliche Luft auszuschliessen, giesst man in R soviel von dem Reagens, dass auch die trichterförmige Erweiterung zum Theil damit angefüllt ist. Man setzt nun den geöffneten Hahn a vorsichtig in die Einschnürung, so dass aus der Bohrung, sowie aus der Spitze desselben die Luft vollständig verdrängt ist. Den in der Erweiterung angesammelten Ueberschuss des Absorptionsmittels giesst man in die Vorrathsflasche zurück, nachdem Hahn a geschlossen ist.

Um das im Messraum befindliche Gasvolumen unter Atmosphären-druck zu setzen, lüftet man einen Moment den Hahn m. Die Ab-sorption des in dem Gasgemisch zu bestimmenden Bestandtheils geschieht leicht, indem man durch Oeffnen des Hahns r das Reagens in den Messraum eintreten lässt; durch Umschwenken der Bürette kann man diese Operation noch beschleunigen. Nachdem dies ge-schehen, stellt man die Bürette auf die Spitze a und wartet so lange, bis das Absorptionsmittel aus dem Messraum vollständig nach R zurückgelaufen ist; es muss dann der Raum R bis zur Bohrung des Hahnes r völlig wieder angefüllt sein. Man nimmt darauf den Hahn a heraus, giesst das Reagens heraus und ersetzt dasselbe durch Wasser mit der Vorsicht, dass jetzt ebenfalls in der Spitze keine Luft zurück-bleibt. Die ganze Bürette wird dann mit der Spitze a nach unten gekehrt, in einen hohem mit Wasser gefüllten Cylinder gestellt und unter Wasser Hahn a und r geöffnet. In Folge des durch die Absorption entstandenen luftverdünnten Raumes steigt das Wasser nunmehr bis zu einer gewissen Höhe in den Messraum hinein. Die Ablesung des Procentgehaltes geschieht, nachdem gleiches Niveau des Wassers innen und aussen hergestellt ist.

Um in dem Rest des Gasgemisches die noch übrigen Bestand-theile zu bestimmen, entfernt man das in dem Messraum enthaltene Wasser vermittelst einer Saugflasche, bevor man das Reagens ein-bringt, besonders gilt dies bei der Ermittelung des Kohlenoxydgehaltes. Hierbei hat man vor dem Ablesen des Niveaustandes die Bürette mit dem Wasser mehrmals umzuschütteln, um die Reste von Am-moniak, die sich stets verflüchtigen, von dem Wasser absorbiren zu lassen.

<h2 style="text-align:center">Sechszehntes Kapitel.</h2>

<h1 style="text-align:center">Brennmaterialien.</h1>

<h3 style="text-align:center">(Kohlen, Kokes.)</h3>

Auf eine gute Probenahme, welche den Durchschnitt auch that-sächlich wiedergiebt, ist hierbei besonders zu achten; zeigt die Kohle ein verschiedenartiges Aussehen im Glanz und ihrer Struktur, so sind von jeder dieser Partieen einige Stücke zu wählen. Die Zu-sammensetzung der Kokes unterliegt im Allgemeinen geringeren Schwankungen, doch besitzen die der Aussenseite benachbarten

Theile oft einen grösseren Aschengehalt in Folge stärkerer Erhitzung beim Brennen derselben.

Zur Werthbestimmung der Kohlen begnügt man sich häufig mit der Bestimmung von Feuchtigkeit und Asche. Zum Austrocknen verwendet man eine nicht zu geringe Menge der fein gepulverten Substanz, von welcher man ca. 1 g zur Veraschung im Platin- oder Porzellantiegel anwendet. Da der Platintiegel in Folge von Russablagerung leicht angegriffen wird, empfiehlt sich der Gebrauch von Porzellantiegeln, man ist jedoch in diesem Falle genöthigt, die Veraschung in einer Muffel (Doppelmuffel) zu Ende zu führen. Beim Beginn des Glühens wendet man stets nur eine kleine Flamme an und steigert erst allmählich die Hitze, da sonst durch Bildung von schwerverbrennlichen Kokes die Operation beträchtlich verlangsamt wird. Um ein Verspritzen der Substanz auszuschliessen, ist der Tiegel anfänglich bedeckt zu halten; durch Befeuchten mit Alkohol lässt sich die Veraschung etwas beschleunigen. Um etwa entstandenen Aetzkalk in Karbonat überzuführen, befeuchtet man zuletzt mit etwas kohlensaurem Ammoniak.

Zur Bestimmung des Schwefels mengt man 1 g der fein gepulverten Kohle mit dem doppelten Gewicht eines Gemisches von gebrannter Magnesia und entwässerter Soda, und glüht im schräg- liegenden Platintiegel ca. 1 Stunde, worauf man erkalten lässt, unge- fähr ein Gramm Ammoniumnitrat zur völligen Oxydation hinzufügt und abermals beim bedeckten Tiegel einige Minuten glüht. Die Schmelze wird mit heissem Wasser ausgezogen und das angesäuerte Filtrat mit Chlorbaryum gefällt.

Anhang.

Tabelle von **M. Schmitz** zum Soleil-Scheibler'schen Instrument für Polarisationen nach der Gewichtsmethode unter Berücksichtigung der Veränderlichkeit der specifischen Drehung des Zuckers.

26,048 g Zucker enthaltende Substanz zu 100 ccm gelöst.

Abgelesene Grade	Procent Zucker in der löslichen Substanz	Abgelesene Grade	Procent Zucker in der löslichen Substanz	Abgelesene Grade	Procent Zucker in der löslichen Substanz	Abgelesene Grade	Procent Zucker in der löslichen Substanz
1	1,00	26	25,94	51	50,92	76	75,94
2	1,99	27	26,94	52	51,92	77	76,94
3	2,99	28	27,93	53	52,92	78	77,94
4	3,99	29	28,93	54	53,92	79	78,94
5	4,98	30	29,93	55	54,92	80	79,95
6	5,98	31	30,93	56	55,92	81	80,95
7	6,98	32	31,93	57	56,92	82	81,95
8	7,98	33	32,93	58	57,92	83	82,95
9	8,97	34	33,93	59	58,92	84	83,95
10	9,97	35	34,92	60	59,92	85	84,96
11	10,97	36	35,92	61	60,92	86	85,96
12	11,97	37	36,92	62	61,92	87	86,96
13	12,96	38	37,92	63	62,92	88	87,96
14	13,96	39	38,92	64	63,92	89	88,97
15	14,96	40	39,92	65	64,92	90	89,97
16	15,96	41	40,92	66	65,93	91	90,97
17	16,95	42	41,92	67	66,93	92	91,98
18	17,95	43	42,92	68	67,93	93	92,98
19	18,95	44	43,92	69	68,93	94	93,98
20	19,95	45	44,92	70	69,93	95	94,98
21	20,95	46	45,92	71	70,93	96	95,98
22	21,94	47	46,92	72	71,93	97	96,99
23	22,94	48	47,92	73	72,93	98	97,99
24	23,94	49	48,92	74	73,94	99	98,99
25	24,94	50	49,92	75	74,94	100	100,00

Tabelle für Härtebestimmungen nach Clark.

Verbrauchte Seifenlösung	Härtegrade
3,4 ccm	0,5
5,4 „	1,0
7,4 „	1,5
9,4 „	2,0

Die Differenz von 1 ccm Seifenlösung = 0,25 Härtegrad.

11,3 ccm	2,5
13,2 „	3,0
15,1 „	3,5
17,0 „	4,0
18,9 „	4,5
20,8 „	5,0

Die Differenz von 1 ccm Seifenlösung = 0,26 Härtegrad.

22,6 ccm	5,5
24,4 „	6,0
26,2 „	6,5
28,0 „	7,0
29,8 „	7,5
31,6 „	8,0

Die Differenz von 1 ccm Seifenlösung = 0,277 Härtegrad.

33,3 ccm	8,5
35,0 „	9,0
36,7 „	9,5
38,4 „	10,0
40,1 „	10,5
41,8 „	11,0

Die Differenz von 1 ccm Seifenlösung = 0,294 Härtegrad.

43,4 ccm	11,5
45,0 „	12,0

Die Differenz von 1 ccm Seifenlösung = 0,31 Härtegrad.

**Faktoren zur Berechnung gesuchter Körper aus den bei
den Analysen gefundenen Gewichten.**

Gefunden	Gesucht	Faktor
Ammoniumplatinchlorid	Ammoniak NH_3	0,07614
- - $Pt\,Cl_4.\,2\,NH_4\,Cl$	Stickstoff N	0,06071
Chlorkalium KCl	Kali K_2O	0,63173
Chlorsilber Ag Cl	Chlor Cl	0,24724
Chlornatrium Na Cl	Natron Na_2O	0,53022
Chlorsilber Ag Cl	Salzsäure H Cl	0,25421
Kaliumplatinchlorid Pt $Cl_4.\,2$ K Cl . . .	Chlorkalium K Cl	0,30560
Kohlensäure CO_2	Kohlenstoff C	0,27273
Kohlensaurer Kalk Ca CO_3	Kalk Ca O	0,56000
Kohlensäure CO_2	Kohlensaurer Kalk Ca CO_3	2,27300
Platin Pt	Chlorkalium K Cl	0,75660
Pyrophosphors. Magnesia $Mg_2\,P_2\,O_7$.	Magnesia Mg O	0,36036
- - -	Phosphorsäure $P_2\,O_5$	0,63964
Schwefelsaurer Baryt Ba SO_4	Schwefelsäure SO_3	0,34335
- - -	Schwefelsaurer Kalk Ca SO_4	0,58369

Gewichte von geschichteten Körpern.
1 Kubikmeter wiegt Kilogramme:

Rüben	540— 580	Eichenholz in Scheiten	420
Schnitte (angesäuert) . .	860	Buchenholz	400
Rohzucker (locker) . . .	800— 820	Fichtenholz in Scheiten	320
- in hohen Schichten	1000 1100	Cement, aufgeschüttet	1200
Knochenkohle, neu . . .	780— 820	Gebrannter Kalk	1000
- alt . . .	1000—1250	Kalkschlamm	840
- Staub .	1000	Trockener Sand und Schutt .	1330
Braunkohle (Nuss) . . .	640	Lehm, trocken	1507
- (Mittel) . .	700	Mörtel aus Kalk und Sand . .	1800
Gas-Kokes	300— 350	Ziegelsteine	2100
Steinkohle	820— 850	Bruch- und Kalksteine	1250

Atomgewichte der Elemente.

Aluminium	Al = 27,04	Magnesium	Mg = 23,94
Antimon	Sb = 119,60	Mangan	Mn = 54,80
Arsen	As = 74,90	Molybdän	Mo = 95,90
Baryum	Ba = 136,86	Natrium	Na = 23,00
Blei	Pb = 206,39	Nickel	Ni = 58,60
Bor	B = 10,90	Phosphor	P = 31,00
Brom	Br = 79,76	Platin	Pt = 194,30
Cadmium	Cd = 111,70	Quecksilber	Hg = 199,80
Calcium	Ca = 39,91	Sauerstoff	O = 15,96
Chlor	Cl = 35,37	Schwefel	S = 31,98
Chrom	Cr = 52,45	Silber	Ag = 107,66
Eisen	Fe = 55,88	Silicium	Si = 28,00
Fluor	Fl = 19,06	Stickstoff	N = 14,01
Gold	Au = 196,20	Strontium	Sr = 87,30
Jod	J = 126,54	Uran	U = 239,80
Kalium	K = 39,03	Wasserstoff	H = 1,00
Kobalt	Co = 58,60	Wismuth	Bi = 207,50
Kohlenstoff	C = 11,97	Zink	Zn = 64,88
Kupfer	Cu = 63,18	Zinn	Sn = 117,35

Schema für eine Zusammenstellung von Betriebsresultaten und Laboratoriumsbericht.

Wochenbericht No.

Campagne 189   von   bis   ...

	Massen und Verhältnisse.		per 100 Kilogramm		
			Rübe	Füll-masse	Kohle
1	Verarbeitete Rübe im Ganzen ⎱ Metercentner ⎰ 16762,68		—	—	—
2	Füllmasse erzeugt - - 2449,50		14,61	—	—
3	I. Produkt - - - 1677,76		10,01	68,5	—
4	Kohlenverbrauch - - - 2015,0		12,02	—	—
5	Dampfverbrauch - - - 15952,6		95,10	—	791,6
6	Dampferzeugung - - -		—	—	—
7	Taglohn im Ganzen . . . . _M._ 1800,00		10,74	—	—
8	Abgezogener Saft per 100 hl Diffusions- raum . . . . 110 hl		—	—	—
9	Schnittfüllung per 1 hl Diffusionsraum 51 kg		—	—	—

	Untersuchungen von	Brix	Pol.	NZ	Qu	Alk.	Asche	Zahl der Schlamm-pr.
10	Rübensaft	17,0	14,4	2,6	84,7	—	—	—
11	Zucker in der Rübe d. Digestion.	—	13,3	—	—	—	—	—
12	Ausgelaugte Schnitte .	0,80	0,27	—	—	—	—	—
13	Diffus. Abdrückwasser	—	0,09	—	—	—	—	—
14	Diffusionssaft	13,2	11,1	2,1	84,1	—	—	—
15	Schlamm, 1. Saturat. .	—	0,55	—	—	—	—	468 à 353 kg Schl.
16	- 2. - .	—	0,62	—	—	—	—	163 à 216 kg Schl.
17	Saft 1. Sat. v. Pressen .	11,6	10,0	1,6	86,2	0,144	—	—
18	- - - - Excelsior-Pressen .	11,3	9,70	1,60	85,8	0,151	—	—
19	- 2. - - - .	11,5	10,2	1,3	88,7	0,062	—	—
20	- 3. - - - .	11,7	10,4	1,3	88,8	0,038	—	—
21	- 4. - - Beutel-filter.	33,4	29,7	3,7	88,6	0,047	—	—
22	Dicksaft, filtrirt	52,0	46,3	5,7 Organ. NZ	89,0	0,081	—	—
23	Füllmasse	95,4	86,64	5,41	90,8	0,113	3,35	—

	Verlustrechnung.	Verlust in Ctr.	per 100 Rüben	per 100 Zucker
24	Zucker in der Rübe	2229,43	13,30	100,00
25	- - - Füllmasse	2122,25	12,66	95,15
26	Totalverlust an Zucker	107,18	0,64	4,85
27	Zuckerverlust in 80 % Schnitten	36,21	0,220	1,70
28	- - 11,95 - Schlamm	11,27	0,067	0,51
29	- - 100,00 - Abdrück-wasser	15,10	0,090	0,69
30	Nachweisbarer Verlust	62,58	0,377	2,90
31	Nicht nachweisbarer Verlust	44,60	0,263	1,95